分析値の不確かさ
求め方と評価

日本分析化学会 監訳　米沢仲四郎 訳

EURACHEM / CITAC Guide CG4

Quantifying Uncertainty in Analytical Measurement

Third Edition

丸善出版

EURACHEM / CITAC Guide CG 4
Quantifying Uncertainty in Analytical Measurement
Third Edition

Ed. by

Alex Williams and Steve Ellison

Copyright © 2012 by EURACHEM

Japanese translation rights arranged with EURACHEM through Japan UNI Agency, Inc., Tokyo

Japanese edition © 2013 by Maruzen Publishing Co., Ltd., Tokyo, Japan

Printed in Japan

第3版まえがき

　化学分析の結果に基づいて，多くの重要な判断がなされる．分析結果は，例えば，生産効率の評価，材料の仕様または法的規制に対する確認，または金銭的価値の見積もり等に使われる．分析結果によって決断を下す限り，分析結果の質についての表示，すなわち，目的に対してどの程度の信頼性があるかを付記することが重要である．化学分析結果の使用者は，特に国際貿易に関連する分野において，データの信頼性情報を得るために頻繁に費やされる繰り返しの労力を強いられている．使用者自身が所属する組織外で得られたデータの信頼性は，このような状況を打開するための必要条件である．

　分析化学の分野では，試験所が必要な品質のデータを得ることができ，そしてそのようなデータを提供することができることを確保するために，品質保証手段を導入することが公的に（しばしば，法的に）求められている．そのような基準には，妥当性確認がされた方法による分析，内部の品質管理(QC)手順に従った分析，技能試験(PT)スキームへの参加，ISO/IEC 17025 [H.1]に基づく認定取得，そして測定結果のトレーサビリティの確立が含まれる．

　分析化学では，定められた標準またはSI単位に対するトレーサビリティよりもむしろ，特定の方法によって得られる分析結果の精度に大きな関心が寄せられてきた．このため，法的そして貿易の必要条件を満たすため，「公定分析法」が使用されてきた．しかし，今は分析結果の信頼性を確立するため，測定結果がSI単位のような定められた基準または標準物質に，そして操作を規定した方法または条件規定分析法(5.4節参照)を使用する時でも，トレーサビリティがあることが公式な必要条件である．EURACHEM/ CITAC Guide「化学計測におけるトレーサビリティ」[H.9]では，操作を規定した方法において，計量トレーサビリティをどのようにして確立するかを解説している．

上記の要求の結果として，化学者はその責任として，分析結果の品質を示し，そして特に分析結果に信頼性を付記して分析の合目的性を示すことが強いられ始めている．通常これは，使われる分析法とは関係なく，分析結果が他の結果とどれだけ一致するかの目安を含むことが期待されている．この目安の有用な指標の一つが，測定不確かさである．

測定不確かさの概念は，長い間化学者に認識されていたが，測定の広い分野を横断する測定不確かさの表示と評価のために正式に確立された一般的指針，「測定における不確かさの表現のガイド(GUM)」が1993年にISOとBIPM, IEC, IFCC, IUPAC, そしてOIMLの協力によって発行された．この本は，ISOガイドの概念を化学測定にどのように適用するかを示している．不確かさの概念，そして不確かさと誤差の違いの最初の導入である．さらに，付録Aの不確かさ評価例では，種々の分析法についての不確かさ評価プロセスを紹介している．

不確かさの評価では，分析者が不確かさを生じる可能性のある全ての要因を詳しく検討する必要がある．この種の詳細な検討はかなりの労力を必要とするが，費やされる労力に見合った成果が得られるものに留めることが大事である．実際には，予備検討によって不確かさの最も大きな要因が迅速に特定される．そして，付録の不確かさ評価例に示すように，合成標準不確かさとして得られる値はおおむね主要な要因によって支配される．優れた不確かさ評価は，最も大きな要因に焦点をあてることによって達成することができる．さらに，ある試験所の特定の分析法(つまり特定の分析操作)の不確かさを一度評価すると，その不確かさ推定はその後同じ試験所の同じ方法によって得られる結果に，品質管理データによって正しく実行されたことが確認できれば適用できる．操作法それ自身，あるいは使用される機器が変更されない限り，不確かさの推定をさらに行う必要はない．操作法あるいは機器が変更された場合の不確かさ推定は，通常の再妥当性確認試験の一部として評価される．

分析法開発では，可能性がある不確かさ要因を検討し，分析方法の不確かさが，可能な限り受け入れることができるレベルまで小さくなるように調整する．このようなことから，分析法開発は各要因の不確かさ評価と似たプロセスを含んでいる(不確かさの数的上限値が定められる場合，受け入れるこ

とができる測定不確かさを,「目標測定不確かさ」[H.7]とよぶ).その結果,分析法の性能は精度と真度(trueness)について数値化される.分析法の妥当性確認は,開発中に得られた性能が特定の応用に対しても達成され,必要ならその性能の数値を確認するために行われる.いくつかのケースでは,分析法は共同実験によってさらなる性能データを得る.技能試験への参加および内部の品質管理測定は,第一に分析法の性能が確保されることをチェックするが,それ以上の情報も与えてくれる.それらすべての活動は,不確かさ評価に関する情報を与えてくれる.本ガイドは,不確かさ評価における様々な種類の情報を使用するための統一手法を示す.

EURACHEM Guide「分析化学計測における不確かさの求め方」[H.3]第1版は,ISO ガイド(GUM)に基づいて 1995 年に出版された.第 2 版[*1][H.4]は,化学試験所における不確かさ推定の実際の経験の観点,そして試験所に正式な品質保証手順を導入する必要性が大きく認識されたため,2006年 CITAC と共同で作成された.第 2 版では,測定不確かさ評価に必要な数多くの情報は試験所の品質管理データが供給してくれるので,試験所に導入される測定不確かさ推定の手順を,すでに存在する品質保証手段に組み込まなければならないことを強調した.

この第 3 版には第 2 版の特色を残し,さらに不確かさ推定における 2000年以降の進歩に基づいた情報を追加している.追加した情報は,改良されたゼロ付近の不確かさ表現に関する説明,不確かさ評価のためのモンテカルロ計算法に関する新たな説明,技能試験データの使用に関する改良された説明,そして測定不確かさに付記した結果によって適合性の査定を行う場合の改良された説明である.このため,本書は,正式な ISO ガイド「測定における不確かさの表現のガイド」[H.2]の原則を完全に順守する不確かさ推定で,妥当性確認およびその他の関連するデータの使用を明確に示している.そのアプローチは,ISO17025:2005[H.1]の要求事項と矛盾しない.

第 3 版は,ISO の「測定における不確かさの表現のガイド(GUM)」1995

---

*1 訳注:本書第 2 版の最初の版は,保田和雄,高田芳矩の両博士によって翻訳され,付録の評価例を除いた部分が「これから認定を受ける人のための 実用 分析所認定ガイドブック(日本分析化学会 編 分析信頼性委員会 監修,丸善,2000 年刊)」の付録に収められている.

iv 第3版まえがき

年版[H.2]に基づいて，2008年に再発行された．このため，用語はGUMに従った．統計学的用語は，ISO 3534, Part 2[H.8]に従った．その他の用語は，「国際計量学用語——基本及び一般概念並びに関連用語(VIM)」[H.7]を使う．GUMとVIMの用語が大きく異なる場合，本文中でVIMの用語を追加的に考慮する．VIMで使われる定義と概念の追加説明は，EURACHEM Guide「分析化学計測の専門用語—— VIM3の導入」[H.5]に記述されている．最後に，質量分率はパーセントで与えられることが多いが，このガイドではそれに代えてg/100 gの単位を用いる．

注記：不確かさの評価例を付録Aに示す．用語の定義リストを番号付けして付録Bに示す．定義された用語は，本文中の初出に太字で示し，[ ]内に付録Bの番号を示した．その定義の大部分は，計量計測学(Metrology)における基礎的，そして一般的な標準用語の国際用語集(VIM)[H.7]，ISOガイド[H.2]，そしてISO 3534-2(統計—用語と記号，第2部 統計的品質管理用語)[H.8]から採用した．付録Cは，化学分析の全体構成の各操作段階における不確かさ要因を示す．付録Dでは，不確かさ要因の特定に使われる一般的な手順と必要に応じたさらなる実験計画を述べる．付録Eでは，分析化学で不確かさの推定に使われる表計算法とモンテカルロ・シュミレーション計算を含む，いくつかの統計学的手法を述べる．付録Fでは，検出限界付近の不確かさを考察する．付録Gには，多くの共通する不確かさ要因と不確かさ値の推定法を示す．参考文献は付録Hに示す*2．

---

*2 訳注：本文中の[H. ○]は付録Hに挙げた参考文献の番号である．

訳者まえがき

　近年，分析の信頼性を表現するために，分析・測定結果には国際的に認められた方法によって評価した不確かさを付けて報告するのが一般的になっている．特に，分析試験所や校正機関がISO/IEC 17025規格の認定を取得しようとする場合，不確かさの評価は必須である．この不確かさの評価は，GUM法とよばれるISOのガイド[H.2]に則って行われている．

　本書は，GUM法に基づいた不確かさ評価法を分析化学の分野に適用するための解説書「Quantifying Uncertainty in Analytical Measurement」（EURACHEM/CITAC Guide CG4, 2012年）の翻訳である．原書は，不確かさ評価法の基礎，そして簡単な標準溶液の調製法から複雑な二重同位体希釈誘導結合プラズマ質量分析法まで，合計7種類の分析法の不確かさの評価例を解説している．また，最新のモンテカルロ・シュミレーション法による不確かさの計算，そしてベイズ的方法によるゼロ付近濃度の拡張不確かさの表示法など，最新の知見も紹介している．

　原書の第2版は，保田和雄，高田芳矩両博士によって翻訳され，付録の評価例を除いた部分が「これから認定を受ける人のための実用分析所認定ガイドブック」（日本分析化学会編，丸善，2000年）の付録に収められている．訳者は，ガンマ線スペクトロメトリーの不確かさを評価するため，本ガイドをそのワーキンググループのメンバーの一人，A. Fajgelj博士（IAEA）から紹介され，その翻訳に取組んだ．保田，高田両博士の翻訳には付録の不確かさ評価例が含まれていなかったこと，更にその後第3版が刊行されたので，本ガイドの全体を紹介できれば，不確かさの評価を体系的に理解できる図書として相応しいと判断し，その翻訳書を出版することになった．

　本ガイドで頻繁に使われる「measurand」や「analyte」等の日本語訳は，定着していないものが多く，ここでは出来るだけ関連するJISの不確かさに関する文書（JIS Z8404-1(2006), JIS Z8404-2(2008)）とJISの「分析化学用語

(基礎部門)」JIS K0211(2013),更に GUM の翻訳版「測定における不確かさの表現のガイド」,日本工業標準調査会適合性評価部会,TS Z 0033(2012),および VIM の翻訳版「国際計量計測用語——基本及び一般概念並びに関連用語」,日本工業標準調査会適合性評価部会,TS Z 0032(2012)に合せた.「repeatability」の日本語訳は,前述の JIS Z 8404-1 および JIS K 0211 でも「繰返し性」と「併行精度」の両方が使われている.本書でも本文中では各項目の初出に両方を併記し,特性・要因図中ではスペースの都合上「繰返し性」とだけ示した.本ガイドで随所に見られる「empirical method」又は「operational defined method」は,適切な日本語訳が見つからないので,その用語の意味から「条件規定分析法」とした.また,統計学の用語については,「統計学辞典」(G. Upton, I. Cook 著,白旗慎吾監訳,共立出版,2010年)を参考にした.

　本ガイドの翻訳に当たり,多くの方々から本書に関連することを教えていただいた.特に,第 2 版の翻訳者の一人である,日本分析化学会の高田芳矩博士には原稿を見ていただいた.「条件規定分析法」も高田博士の提案によるもので,さらに本書の出版のきっかけも作っていただいた.また,産業技術総合研究所の城野克広博士には,第 7 章をチェックしていただいた.このような労力をとっていただいた高田,城野両博士をはじめ,ご教示いただいた多くの方々に深く感謝を申し上げる.

　本書が,我が国の分析関係者に,少しでも役立つことを願っている.

　2013 年初夏

訳　　者

目　　次

第3版まえがき………………………………………………………………………ⅰ
訳者まえがき………………………………………………………………………ⅴ

1　適 用 範 囲 …………………………………………………………………… 1

2　不 確 か さ …………………………………………………………………… 3
 2.1.　不確かさの定義……………………………………………………… 3
 2.2.　不確かさ要因………………………………………………………… 4
 2.3.　不確かさ成分………………………………………………………… 4
 2.4.　誤差と不確かさ……………………………………………………… 5
 2.5.　VIM3の不確かさの定義…………………………………………… 8

3　分析化学測定と不確かさ ………………………………………………… 9
 3.1.　分析法の妥当性確認………………………………………………… 9
 3.2.　実験による分析方法の性能試験…………………………………… 11
 3.3.　トレーサビリティ…………………………………………………… 13

4　測定不確かさの推定プロセス ……………………………………………15

5　ステップ1　測定量の明細 ………………………………………………19

6　ステップ2　不確かさ要因の同定 ………………………………………23

7　ステップ3　不確かさの定量 ……………………………………………27
 7.1.　まえがき……………………………………………………………… 27

- 7.2. 不確かさの評価手順 … 27
- 7.3. 事前に行われた試験との関連性 … 29
- 7.4. 各不確かさ成分を定量する不確かさ評価 … 29
- 7.5. マトリックスがよく一致する認証標準物質の測定 … 30
- 7.6. 事前に行われた分析法の共同開発と妥当性確認試験データを使用する不確かさ評価 … 30
- 7.7. インハウス開発と妥当性確認試験を使用する不確かさ評価 … 32
- 7.8. 技能試験(PT)データの使用 … 37
- 7.9. 条件規定分析法の不確かさ評価 … 38
- 7.10. アドホック分析法の不確かさ評価 … 39
- 7.11. 各不確かさ成分の定量 … 40
- 7.12. 各不確かさ寄与成分の実験的推定 … 41
- 7.13. その他の結果またはデータに基づく推定 … 42
- 7.14. 理論的原理からのモデリング … 43
- 7.15. 判断に基づく推定 … 43
- 7.16. かたよりの有意性 … 46

8 ステップ4　合成標準不確かさの計算 … 49
- 8.1. 標準不確かさ … 49
- 8.2. 合成標準不確かさ … 50
- 8.3. 拡張不確かさ … 53

9 不確かさの報告 … 57
- 9.1. 概要 … 57
- 9.2. 必要な情報 … 57
- 9.3. 標準不確かさの報告 … 58
- 9.4. 拡張不確かさの報告 … 59
- 9.5. 結果の数値表現 … 59
- 9.6. 非対称な信頼区間 … 59
- 9.7. 規制への適合性 … 60

付録 A. 不確かさの評価例 ……………………………………… 63
まえがき ……………………………………………………………… 63
例 A1：検量線作成用標準溶液の調製 ………………………………… 66
例 A2：水酸化ナトリウム水溶液の標定 ……………………………… 75
例 A3：酸—塩基滴定 …………………………………………………… 88
例 A4：インハウス妥当性確認試験からの不確かさ推定——パン中の有機リン酸塩殺虫剤の定量 …………………………………… 102
例 A5：原子吸光光度法による陶磁器から溶出するカドミウムの定量 …… 118
例 A6：家畜飼料中の粗繊維の定量 …………………………………… 132
例 A7：二重同位体希釈と誘導結合プラズマ質量分析法を使用する水中の鉛定量 …………………………………………………… 144

付録 B. 用語の定義 …………………………………………………… 156

付録 C. 分析プロセスにおける不確かさ …………………………… 162

付録 D. 不確かさの要因解析 ……………………………………… 165
D.1 まえがき ……………………………………………………… 165
D.2 方法の原理 …………………………………………………… 165
D.3 要因と影響解析 ……………………………………………… 165
D.4 例 ……………………………………………………………… 167

付録 E. 有用な統計学的手法 ……………………………………… 170
E.1 分布関数 ……………………………………………………… 170
E.2 表計算ソフトウェアによる不確かさの計算 ……………… 172
E.3 モンテカルロ・シュミレーションによる不確かさ評価 … 176
E.4 線形最小二乗校正の不確かさ ……………………………… 186
E.5 分析種の濃度レベルに依存する不確かさの記述 ………… 190

付録 F. 検出限界または定量限界における測定不確かさ……196
 F.1 まえがき………………………………………………196
 F.2 観測値と推定値………………………………………197
 F.3 解釈される結果と準拠表明…………………………199
 F.4 報告における「以下」または「以上」の使用………199
 F.5 ゼロ付近の拡張不確かさの範囲：従来の方法……200
 F.6 ゼロ付近の拡張不確かさの範囲：ベイズ的方法…201

付録 G. 不確かさの共通要因とその値………………………205

付録 H. 参考文献………………………………………………211

索引………………………………………………………………215

1 適用範囲

1.1. 本書は，ISO の「測定における不確かさの表現のガイド」[H.2]に記述されている方法に基づき，定量分析における不確かさの評価を詳しく解説する．簡易分析から精密分析までの全ての精確さ[*1]のレベル，ルーチン分析から基礎研究までの全ての分野，実験的な条件規定分析法から論理的な分析法(5.5節参照)にまで適用することができる．化学測定が必要とされ，そして本書の原則が適用される分野を以下に示す．
・製造業における品質管理と品質保証
・法規制順守の検査
・協定した分析法(agreed method)を使用する検査
・標準と機器の校正
・標準物質の開発と認証に伴う測定
・研究開発

1.2. いくつかのケースでは，追加説明が必要であることに留意してほしい．特に，合意された方法(consensus method)による標準物質の値付け(複数の測定法を含む)は取り扱わない．また，法への準拠表明(compliance statements)における不確かさ推定法および低濃度における不確かさの使用と表示にはさらに説明が必要である．サンプリング操作に付随する不確かさは，EURACHEM Guide「サンプリングに起因する不確かさ：方法とアプローチのガイド」[H.6]で詳細に取り扱われているので，本書では取り扱わない．

[*1] 訳注：「accuracy」は，従来「正確さ」と訳されたが，今は「精確さ」とよばれる．

1.3. 多くの分野の試験所が正式な品質保証手段を導入したため，この第3版では，以下の手順によって得られるデータを測定不確かさ推定にどのように使用するかを説明する．

・単独の試験所で，規定された**測定手順**(measurement procedure)[B.6]として導入される，単独の方法の分析結果で特定される不確かさ要因の影響評価
・分析法の開発と妥当性確認試験からの情報
・単一試験所での決められた内部品質管理手順の結果
・多くの力量のある試験所が妥当性確認された方法で共同実験をして得られた結果
・試験所の分析能力評価に使われた技能試験結果

1.4. 本書は，測定の実施あるいは測定操作の性能評価に関わらず，測定プロセスの安定管理を確保するため，効果的な品質保証と品質管理手段が整備されていることを想定している．そのような手段とは，例えば，資格要件を満たした職員による分析，機器と薬品の適切な保守と校正，適切な参照標準の使用，文書化された測定手順と校正用標準の使用，そして管理図(コントロールチャート)の使用が含まれる．文献[H.10]から，分析の品質保証(**QA**)手順のさらに詳しい情報が得られる．

注記：このパラグラフは，このガイドにおいて，全ての分析方法が完全に文書化された手順に従って実行されることを想定していることを意味する．したがって，分析方法の一般的な引用は，そのような手順が存在することを意味する．測定不確かさは，厳密にはそのような手順の結果にのみ適用され，一般的な**測定方法**[B.7]には適用されない．

2 不確かさ

2.1. 不確かさの定義

2.1.1. 最新の「測定における不確かさの表現のガイド」[H.2]，そして本書で使われる測定不確かさの定義は，次のとおりである．

「測定結果に付随し，合理的に測定量に結び付けられ得る値のばらつきを特徴付けるパラメータ」

注記1：パラメータは，例えば**標準偏差**[**B.20**]（またはその倍数で与えられる），や信頼区間(confidence interval)である．

注記2：一般に，測定の不確かさは数多くの成分からなる．それらのうちのいくつかの成分は，一連の測定結果の統計学的分布から評価され，標準偏差によって表される．それ以外の成分も，同じように標準偏差で特徴付けられ，実験または他の情報に基づいて想定される確率分布から評価される．

注記3：測定結果は測定量の値の最も優れた推定値であり，補正と参照標準に付随する成分のような系統的な影響から生ずる成分を含む不確かさの全成分は，分散の一因になると理解される．

以下のパラグラフでは不確かさの定義を詳しく述べ，さらに最近のVIMの定義も2.5節で紹介する．

2.1.2. 多くの場合，化学分析の**測定量**[B.4]は分析種の濃度[*1]である．しかし，

[*1] 原著脚注：本ガイドでは，無条件の用語「濃度」を次のいずれかの特定の量，質量濃度，数量濃度，数濃度または体積濃度（例えば，単位が $mg\ L^{-1}$ で表されていれば，明らかに質量濃度である）に単位を示さないで適用する．組成を表すために使われるその他の量，例えば，質量分率，物質含量，モル分率は，濃度と直接結び付けることができる．

化学分析ではそれ以外の量，例えば色やpH等の測定にも使われるので，「測定量*2(measurand)」という用語が使われる．

2.1.3. 上に挙げた不確かさの定義は，分析者が測定量に無理なく帰属すると確信する値の範囲に焦点を合わせている．

2.1.4. 一般的には，「不確かさ」という言葉は疑わしさの一般的概念として使用される．本書では「不確かさ」を，形容詞を付けないで用いる場合は，上記の定義に関連するパラメータ，あるいは特定の値についての限られた情報のどちらかをいう．測定不確かさは，測定の妥当性に関して疑わしさを示すのではなく，むしろ測定結果の妥当性に関してより高い信頼性を示す．

2.2. 不確かさ要因

2.2.1. 実際に分析結果の不確かさは，測定量の定義の不完全さ，サンプリング，マトリックス効果と干渉，環境条件，質量と体積に関連する機器の不確かさ，参照値，測定法と操作に含まれる仮定と近似，そしてランダム変動等のような数多くの要因から派生する．不確かさ要因のより詳細な記述は6.7節に示す．

2.3. 不確かさ成分

2.3.1. 全体の不確かさの推定では，不確かさの各要因を取り上げる必要があり，各要因の寄与を求めるため，それらを個別に取り扱う．不確かさに対するそれぞれの寄与が，不確かさ成分になる．標準偏差で表した場合，不確かさ成分は**標準不確かさ(standard uncertainty)**[B.10]になる．もし成分間で相関関係があるような場合，共分散を求めることによってこれらを考慮しなければならない．いくつかの成分の影響をまとめて評価することも可能である．これは不確かさを求めるための労力を減らし，そしてまとめて評価された成分が相互に関連する場合，

---

*2 訳注：measurandは「測定対象量」とも訳されているが，ここではJISの用語（JIS K0211 (2013)）に合わせた．

それらの相関関係の補正を考慮する必要がなくなる.

2.3.2. 測定結果 y に対する合計不確かさは，**合成標準不確かさ**(combined standard uncertainty)[B.14]とよばれ，$u_c(y)$ で表されるが，全ての不確かさ成分を合成して得られる全分散の正の平方根に等しい推定標準偏差である．不確かさの伝ぱ則(8章参照)を使用するか，あるいはそれに代わる方法(付録 E に示す2種類の有用な計算法，表計算法とモンテカルロ・シミュレーション法)によって評価される．

2.3.3. 分析化学の大部分の目的に対して，**拡張不確かさ**(expanded uncertainty)[B.12]U が使われる．拡張不確かさは，測定量の値がより高い信頼水準でその幅の中に存在すると確信できる範囲を与える．U は合成標準不確かさ $u_c(y)$ に，**包含係数**(coverage factor)k[B13]を掛けることによって得られる．係数 k の選択は，要求される信頼水準による．信頼水準が約 95% の場合，k は 2 である．

注記：測定した量の合成標準不確かさが，その量に依存するかもしれない他の測定結果の合成標準不確かさの計算にも使用できるよう，包含係数 k は常に示しておくべきである．

2.4. 誤差と不確かさ

2.4.1. 誤差と不確かさは，区別することが重要である．**誤差**(error)[B.16]は，測定量の個々の値と**真値**(true value)[B.2]との差と定義される．実際には，観測される測定誤差は観測される値と参照値間の差である．このことから，理論値あるいは観測値であろうと，誤差は単一の値である．原理上，既知の誤差値は結果の補正に適用することができる．

注記：誤差は理想的な概念であり，正確に知ることはできない．

2.4.2. 他方，不確かさは目的の値がある範囲または区間の中にあるという形式をとり，分析操作と定義された試料の種類がわかっていれば，適切に記載されるあらゆる定量に適用できる．一般に，不確かさの値は測定結果の補正に使うこと

ができない.

2.4.3. 誤差と不確かさの違いをさらに説明すると,補正後の分析結果が偶然に測定量の値に非常に近いかもしれなく,このため分析結果は無視できる誤差をもつかもしれない.しかし,分析者は単純に測定結果が測定量の値にどれだけ近いかが非常に確信をもてないため,不確かさは依然として非常に大きいかもしれない.

2.4.4. 測定結果の不確かさは,誤差そのものを説明するものでもなければ,補正後に誤差がどのくらい残るかを説明するものでもない.

2.4.5. 誤差は,偶然成分と系統的成分の 2 成分をもつと考えられている.

2.4.6. 偶然誤差(random error)[B.17]は,一般に影響量(influence quantities)[B.3]の予想困難な変動によって生じる.そのようなランダムな影響は,測定量の繰返し測定の変動を大きくする.分析結果の偶然誤差は補正することができないが,通常測定の繰返し数を増やすことによって減少させることができる.

注記:不確かさに関するいくつかの文献では,一連の観測値の平均または**相加平均**(arithmetic mean)[B.19]の実験標準偏差*3を平均の偶然誤差であるとしているが,それは間違いである.実験標準偏差は,むしろいくつかの偶然効果による,平均の不確かさの大きさであるといえる.偶然効果から生じる平均の偶然誤差の正確な値は,知ることができない.

2.4.7. 系統誤差(systematic error)[B.18]は,同じ測定量を何回も測定する中で一定値のままであるか,あるいは予想どおりに変化する誤差成分と定義される.これは,実施する測定回数とは無関係であるから,一定の測定条件下で,いくら測定数を増やしても減少させることができない.

2.4.8. 分析において試薬ブランク量を与えたり,あるいは装置の多点校正にお

＊3 訳注:GUM ではこれを実験標準偏差(experimental standard deviation)としているが,本書では標本標準偏差(sample standard deviation)[B.20]としている.

ける誤りの系統誤差は，測定値の特定レベルに対しては一定であるが，測定値の範囲によって変化する．

2.4.9. 例えば，実験条件の不適切な管理によって引き起こされる，一連の分析の間に系統的に大きく変化する影響があると，一定しない系統誤差を生じさせる．
例：
1. 一連の試料の化学分析の間における連続的な温度上昇によって，結果に連続的な変化が生じる．
2. 実験の時間軸にわたって経年変化を示すセンサーおよび素子は，一定しない系統誤差を生じる．

2.4.10. 測定結果は，認識される全ての重大な系統的影響に対して補正すべきである．
注記：系統誤差を補正するため，測定機器とシステムは頻繁に調整するか，あるいは測定標準または標準物質を使用して校正しなければならない．それらの測定標準と標準物質に付随する不確かさ，そしてその補正の不確かさは常に考慮しなければならない．

2.4.11. さらなる誤差には，疑似誤差または不注意ミスがある．この種の誤差は通常，人的ミス，または機器の故障によって引き起こされ，測定を無効にしてしまう．データ記録の間における数字の桁数の転記ミス，分光光度計フローセル中の気泡の詰まり，または試験項目の突発的二次汚染等がこの種の誤差の一般例である．

2.4.12. 疑似誤差や不注意ミスが検出された測定は破棄し，その誤差を統計解析に組み込んではならない．しかし，数値の転記ミスのような誤りが最初の桁で起きたような場合，それは正確に補正することができる．

2.4.13. 十分な数の繰返し測定を行う場合でも，疑似誤差は必ずしもはっきりしているとは限らない．データセットの中で疑われる要素の存在をチェックするには，通常棄却検定が適している．棄却検定から得られる全ての陽性の結果は，注意深く考察しなければならず，そして可能ならそこで確認のため，原点に戻る

べきである．一般的に，数値を純粋に統計学的見地から棄却することは賢明でない．

2.4.14. 本書によって推定される不確かさは，疑似誤差または不注意ミスの可能性を許容するつもりはない．

2.5. VIM3 の不確かさの定義

2.5.1. 改定 VIM[H.7]では，測定不確かさを以下のように定義している．

測定不確かさ(measurement uncertainty)，**測定の不確かさ**(uncertainty of measurement)，**不確かさ**(uncertainty)

用いる情報に基づいて，測定量に帰属する量の値のばらつきを特徴付ける負ではないパラメータ．

注記1：測定不確かさは，定義の不確かさとともに，補正及び測定標準の付与された量の値に付随する成分のような，系統的効果から発生する成分も含む．推定した系統的効果が補正されず，その代わり，付随する測定不確かさの成分が含まれることがある．

注記2：パラメータは，例えば，標準測定不確かさと呼ばれる標準偏差(又はその指定倍量)，又は区間の幅の半分であり，表記された包含確率をもつ．

注記3：測定不確かさは，一般に多くの成分からなる．その一部は，測定不確かさのタイプA評価による場合があり，一連の測定で得られる量の値の統計分布から評価され，標準偏差によって特徴付けることができる．その他の成分は，測定不確かさのタイプB評価による場合があり，経験又はその他の情報に基づく確率密度関数から評価され，これも標準偏差によって特徴付けることができる．

注記4：一般に，任意の一組の集合の情報に関して，測定不確かさは，測定量に帰属する表記された量の値に付随すると理解される．この値を変更した場合，付随する不確かさも変更される．

2.5.2. 定義付けの変更が，分析化学的測定の目的に対する意義に著しく影響することはない．しかし，注記1は補正されていない系統的効果を考慮に入れるため，バジェット表に追加項を組み込む可能性がある．7章では，系統的効果に付随する不確かさの取扱いをさらに詳細に説明する．

3 分析化学測定と不確かさ

3.1. 分析法の妥当性確認

3.1.1. 実際のところ，ルーチンの試験に適用される分析法の合目的性は，一般的には妥当性確認試験[H.11]によって最も評価される．妥当性確認試験は，全体の性能データをつくり，通常使用される分析法の結果に付随する不確かさの推定に適用できる．

3.1.2. 分析法の妥当性確認試験は，分析法全体の性能パラメータの測定を頼りにする．それらのパラメータは，分析法開発時と試験所間の試験の間，共同実験または引き続き実施するインハウスの妥当性確認を行うときに得られる．誤差または不確かさの個々の要因は，使用する時に分析法全体の精度の大きさと比較して誤差や不確かさが大きい時にだけ，主として検討される．大事なことは，補正よりもむしろまず重大な影響の特定と除去である．これによって，重大な影響を及ぼす可能性がある因子の大部分が特定され，全体の精度に対する割合がチェックされ，無視することができるかどうかが判断される．このために分析者が利用できるデータは主に全体の性能を示す数値とデータで，それとともに大部分の影響が重要でないという証拠，そして残っている重大な影響の大きさである．

3.1.3. 定量分析法の妥当性確認試験は，一般に以下のパラメータの全て，またはそのいくつかを測定することである．

精度[B.1]：主な精度の大きさは，併行標準偏差 s_r(repeatability standard deviation)，再現性標準偏差 s_R(reproducibility standard deviation)(ISO 3534-1，日本語版は JIS Z 8101-1)，そして変化させる因子の数 i で表される中間精度 s_{zi}(intermediate precision)(ISO 5725-3，日本語版は JIS Z 8402-3)で測られる．繰返し性(併行精度)s_r は，短期間に一人の分析者で，分析機器などの項目について，同一実験において同一条件で測定されるばらつきを示し，s_r は試験所内または試験所間試験によって見積もられる．特定の分析法に対する室間再現性の標準偏差 s_R は，試験所間試験によってのみ直接見積もられる．s_R は，同じ試料を種々の試験所で分析した時に得られるばらつきを示す．中間精度は，時間，機器，そして分析者のような因子を一つ，またはそれ以上を特定の試験所内で変化させたときに得られる結果のばらつきに関係する．どの因子を固定したかによって，異なる数値が得られる．中間精度の推定値は通常試験所内で測定するが，試験所間試験によっても測定できる．得られる分析操作の精度は，個々のばらつきの組み合わせによって求めても，あるいは分析法の全操作を行う試験によって求めても，いずれによったとしても，全体の不確かさの必須成分である．

かたより：分析法のかたよりは，通常関連する標準物質の分析または添加試験によって測定する．適当な参照値に対する全体のかたよりの測定は，広く認められた標準(3.2節)への**トレーサビリティ**[B.9]の確立に重要である．かたよりは，分析回収率(得られた値を予想値で割った値)で表す．かたよりは無視することができるか，あるいは補正されたものであるかを示さなければならないが，かたよりの測定に付随する不確かさは，どちらの場合でも全体の不確かさの重要な成分である．

直線性：直線性は，ある濃度範囲の測定に使用される分析法の重要な特性である．純粋な標準，そして実際の試料に対する応答の直線性が測定される．直線性は，一般的に定量化されないが，非直線性に対する検査または有意検定を使用してチェックされる．非直線性が著しい時は通常，非線形の校正関数を使用するか，またはさらに測定範囲を限定し，これを取り除くことによって補正する．残った直線性からの逸脱は，いくつかの濃度を含む全体精度の推定値，あるいは校正に付随する全ての不確かさ(付録 E.4)内で通常十分に見積もることができる．

検出限界：分析法の妥当性確認において，検出限界は通常，分析法の適用範囲の下限を定めるために測定される．検出限界付近の不確かさは，注意深い考察と特別な取扱い(付録 F)が必要であるが，測定された検出限界は不確かさの推定に直接関係しない．

頑健性または堅牢性：多くの分析法開発または妥当性確認試験手順は，特定の

パラメータに対する感度を直接試験することを求めている．これは通常，一つまたはそれ以上のパラメータ変化を観察する予備的「堅牢性試験」によって行う．もし，その結果が堅牢性試験の精度に比べて大きいならば，その影響の大きさを測定するため，さらに詳細な試験が実施され，結果的に許容される条件範囲が選ばれる．このため，堅牢性試験データは，重要なパラメータの影響に関する情報を与えてくれる．

選択性：「選択性」は，要求される分析種に分析法が特異的に応答する程度に関係している．代表的な選択性試験は通常，妨害の可能性がある物質をブランク試料と濃度を高めた試料との両方に添加し，その応答を観察して，可能性がある妨害の影響を検討する．結果は，通常実用上その影響が重大でないということを示すために使われる．しかし，選択性試験は応答変化を直接測定するため，妨害となる濃度範囲の情報を前提として，そのデータを，可能性がある妨害に関係する不確かさの推定に使用することができる．

注記：歴史的には，「特異性（specificity）」が同じ概念で使われてきた．

3.2. 実験による分析方法の性能試験

3.2.1. 妥当性確認試験と分析法性能試験の詳細計画，そしてそれらの実施については文献［H.11］に詳細に記述されているので，ここでは繰り返さない．しかし，不確かさの推定に適用される試験の妥当性に影響する主な原理は，関係があるので以下に述べる．

3.2.2. **代表性**（representativeness）は必須である．すなわち，分析方法の通常の使用において，分析方法の適用範囲内の試料種と濃度範囲をカバーしながら，影響の範囲と数の現実的な調査結果を得るために，試験を可能なかぎり実施しなければならない．例えば，ある因子が一連の精度の測定実験の間に代表的に変動した場合は，その因子の影響は観測される変動に直接的に表れるので，さらに方法の最適化の必要がなければ，それ以上の検討は不要である．

3.2.3. このような状況において，代表的変動とは，影響パラメータが，問題と

なっているパラメータの不確かさに適合する値の分布をとらなければならない，ということを意味する．連続的なパラメータに対し，これは許容範囲または規定された不確かさである．試料マトリックスのような不連続なパラメータに対して，この範囲は分析方法の通常の使用において遭遇する，あるいは許容される試料の種類に相当する．代表性は値の範囲ばかりでなく，それらの分布にも及ぶことに注意する必要がある．

3.2.4. 変動のために選択する因子では，可能ならばその影響がより大きな変動を確保することが重要である．例えば，日差変動(おそらく再校正によって生じる)が，繰返し性(併行精度)に比べて大きい場合，1日2回ずつ5日間の測定は，1日5回ずつ2日間の測定よりも優れた中間精度推定値を与える．十分なコントロール下で，日にちを変えて1日1回ずつ10回の測定をすれば，日内繰返し性以上の情報は得られないけれども，さらによい結果をもたらす．

3.2.5. 一般に，系統的に変動を求めるより，ランダムな選択によって得られるデータの取扱いをするほうが単純である．例えば，十分な期間にわたって不定期に実験を行うと，通常は代表的な室温の影響を含むが，実験を24時間間隔で系統的に行うと，勤務時間内における通常の室温変化のため，かたよりが生じる．前者の実験では，全体の標準偏差の評価のみが必要であるが，後者では温度の系統的変動と，温度分布が実際の分布になるような調整が必要になる．しかし，ランダム変動のほうは効率が悪い．少数の系統的試験は影響の大きさを迅速に立証することができるが，20％の相対的正確さよりも優れた不確かさの寄与を立証するためには，一般に30回以上の測定を行わないと上手くいかない．このため，可能なら，時々主な影響を系統的に少数回検討するほうが望ましい．

3.2.6. 相互作用する因子がわかっているか，あるいは疑われる場合，相互作用の影響を見積もることが重要である．これは相互作用するパラメータの種々のレベルからのランダム・セレクション(無作為抽出)を確保するか，あるいは分散と共分散の両方の情報を得るために注意深く，系統的にデザインすることによって見積もることができる．

3.2.7. 全体のかたより試験の実施では，標準物質と測定量の値が日常試験下の物質と関連していることが大事である．

3.2.8. 影響の重要性の試験と調査のための検討は，それらの影響が実際に重要になる前にそのような影響を検出するために十分なものでなければならない．

3.3. トレーサビリティ

3.3.1. 種々の試験所からの分析結果，あるいは同じ試験所で別の時間に実施された分析結果を，自信をもって比較できることが重要である．そのためには，全ての試験所が同じ測定基準，あるいは同じ「基準点(reference point)」の使用を確保する必要がある．多くの場合，これは一次の国内標準または国際標準，理想的には長期間にわたる一貫性を保つため，SI(systeme internationale)単位に至る校正の連鎖を確立することによって達成される．よく知られている例は，分析用天秤である．個々の天秤は，最終的に国内標準，そして第一次のキログラム原器に対して，チェックされる標準分銅[*1]を使って校正される．この既知の参照値に至る比較の連鎖は，異なる分析者が同じ測定単位を使うことを保証することによって，共通の基準点に「トレーサビリティ」が与えられる．ルーチン測定において，ある試験所(または時間)と他の試験所(または時間)との測定の一貫性は，測定値を得るため，あるいは管理するために使われる全ての関連する中間測定に対し，トレーサビリティを確立することによって保つことができる．したがって，トレーサビリティは測定の全ての部門において重要なコンセプトである．

3.3.2. トレーサビリティは，正式に次のように定義される[H.7].
「計量トレーサビリティは，個々の校正が測定不確かさに寄与する，文書化された切れ目のない校正の連鎖を通して，測定結果を計量参照に関係付けることができる測定結果の性質である．」
各試験所のトレーサビリティの連鎖が付随する不確かさにより，試験所間の一致

[*1] 訳注：原著では reference masses (参照質量) であるが，その意味するところから「標準分銅」とした．

が限られてくるため，不確かさに言及する．したがって，トレーサビリティは不確かさと密接に関係する．トレーサビリティは，全ての関連する測定を一貫した測定基準に置く方法を与えるが，一方，不確かさは鎖の輪の，および同様の測定を行う試験所間に期待される一致の「程度」を特徴付けている．

3.3.3. 一般に，特定の計量参照値にトレーサビリティがある分析結果の不確かさには，その計量参照値自身の不確かさとその計量参照値に比較して測定する時の不確かさが含まれる．

3.3.4. EURACHEM/CITAC Guide「化学計測におけるトレーサビリティ」[H.9]は，トレーサビリティの確立に欠くことができない作業として，以下の事項を特定している．
ⅰ) 測定量，測定範囲，要求される不確かさを明記する．
ⅱ) 値の推定に適した方法を選択する．つまり，関係する計算(計算式)と測定条件と一体となった測定操作を選択する．
ⅲ) 計算と測定条件が，結果または標準に付与された値に大きく影響する全ての「影響量」を含むことを，妥当性確認を通して示す．
ⅳ) 各影響量の相対的重要性を特定する．
ⅴ) 適切な参照標準を選択して適用する．
ⅵ) 不確かさを推定する．

それらの作業は関連するガイド[H.9]で詳細に検討されているので，ここでは取り上げない．しかし，それらの大部分の作業は，測定不確かさの推定に欠くことができないもので，それらはまた，確認され，適切に妥当性確認された測定操作，明確に提示された測定量，そして使用された校正標準に関する情報(付随する不確かさを含む)を必要とすることを特筆すべきである．

4 測定不確かさの推定プロセス

4.1. 原理的に，不確かさの推定は簡単である．以下に，測定結果に付随する不確かさの推定に必要な課題を要約する．その後の章では，種々の状況下において適用される各種データ，特にインハウスでの分析法妥当性確認の共同実験データ，QCデータ，技能試験(PT)データの使用と，不確かさの伝ぱ則の使用を説明する．測定不確かさの推定プロセスに含まれる各ステップは，以下のとおりである．

ステップ1. 測定量の明細

何を測定するかについて，測定量とそれが依存する入力量(例えば，測定量，定数，校正用参照値等)間の関係を含め，明確に記述する．可能ならば，すでに知られている系統的な影響の補正も含める．明細情報は標準操作手順(SOP)，またはその他の書類に記載しなければならない．

ステップ2. 不確かさ要因の同定

考えられる不確かさ要因のリスト．これには，ステップ1で特定された関係のパラメータの不確かさに寄与する要因を含むが，それ以外の要因も含めてもよく，特に，化学的仮定から生じる要因は含めなければならない．明確なリストを作成する一般的な手順を付録Dに示す．

ステップ3. 不確かさ成分の定量

確認された潜在的要因に付随する不確かさ成分の大きさを推定する．これは，QCデータ，妥当性確認試験データ等を使用することによって，多数の別々の要因に付随する不確かさを単一の寄与として推定するか，あるいは測定することができる．そのようなデータの使用によって，不確かさ評価に必要な労力をかなり減らすことができ，さらに実際の実験データを使用するため，信頼性の高い不確かさを推定することができる．この方法は7章で述べる．利用できるデータが全ての不確かさ要因を十分に見積もることができるかどうかを検討することもまた

重要で，追加実験を計画し，全ての不確かさ要因が適切に見積もられたことを確かめるため，注意深く検討する．

ステップ 4. 合成標準不確かさの計算

ステップ 3 で得られる情報は，個々の要因に関連するものであろうと，いくつかの要因の影響が統合されたものであろうと，全不確かさに合成される多数の定量された寄与からなる．寄与の大きさは標準偏差として表され，適切なルールに従って合成標準不確かさに合成される．拡張不確かさを求めるためには，適切な包含係数を適用する．

図 4.1 には，不確かさ推定プロセスの概略を示す．

4.2. 以下の章では，これまでに示した全ステップの実施を解説する．そこでは，多数の要因が統合された影響の情報が入手できるかどうかに依存し，評価手順をどのように簡略化できるかを示す．

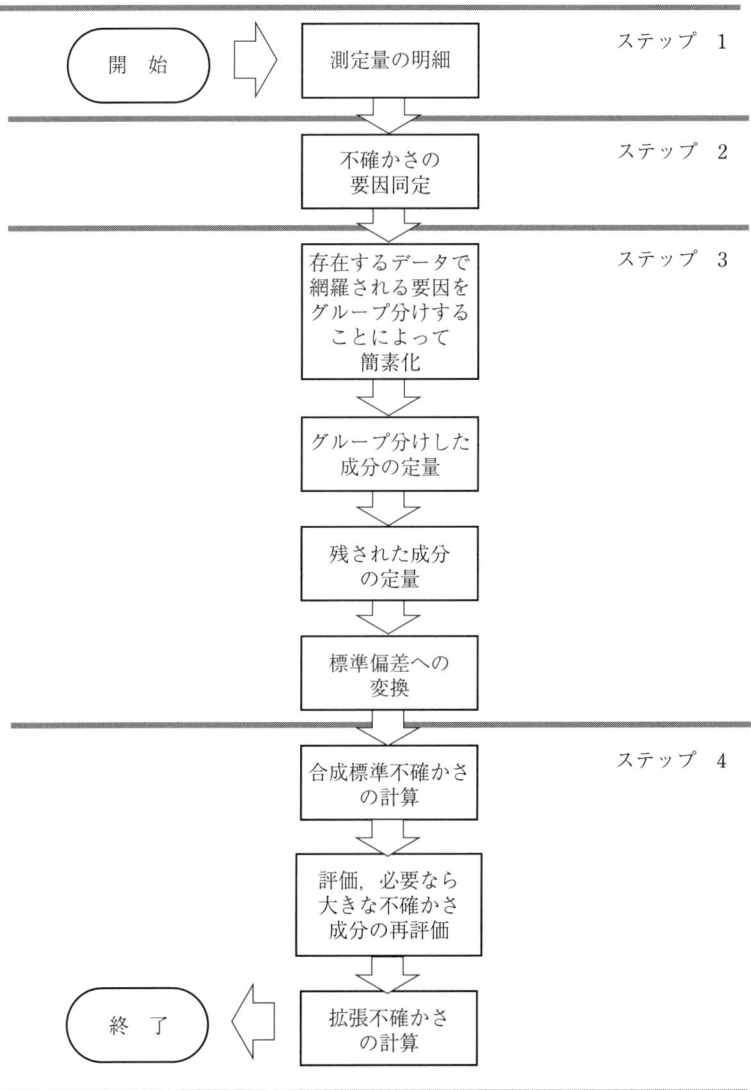

図 4.1 不確かさの推定プロセス

5 ステップ1 測定量の明細

5.1. 不確かさの推定に関連し,「測定量の明細」では,何を測定するかについて明確な記述と,測定量に影響するパラメータについて測定量との関係の定量的表現が求められる.そのようなパラメータは,他の測定量,直接測定されない量,または定数などである.全ての情報は,標準操作手順(SOP)に示さなければならない.

5.2. 大部分の分析化学計測に対し,優れた測定量の定義には以下の記述が含まれる.

a) 測定される特定な種類の量.一般的には分析種の濃度,または質量分率.
b) 分析される項目または物質,そして必要なら試験項目の場所に関する追加情報.例えば,「患者の血液中の鉛」は,試験対象(患者)内の組織を特定している.
c) 必要に応じ,報告する結果の数量計算のための根拠.例えば,目的の数量は特定条件下における抽出量かもしれず,あるいは乾燥重量ベースまたは食品の非可食部のような試験材料の特定部分を取り除いて報告される質量分率かもしれない.

注記1:用語「分析種」は測定される化学種を示し,測定量は通常分析種の濃度または質量分率である.

注記2:この文書の中で,用語「分析種レベル」は一般的に分析種濃度,分析種質量分率等量の値に使われる.「レベル」は,「材料」,「妨害成分」等の濃度などに対しても,同じように使われる.

注記3:用語「測定量」は,文献[H.5]でさらに詳しく考察されている.

5.3. サンプリングが,操作に含まれているかどうかを明確にしなければならな

い．例えば，測定量は試験所に送られた試験項目にだけ関連されるのか，あるいは試料が採られたバルク物質に関連するのか？　それらの不確かさが異なることは明らかである．結論がバルク物質から導かれる場合，最初のサンプリングの影響が重大になり，しばしば試験所の試験項目の測定に付随する不確かさよりもかなり大きい．もしサンプリングがその測定結果を得るために操作の一部として行われていれば，サンプリング操作に付随する不確かさの推定を考慮する必要がある．これは，文献[H.6]でかなり詳しく取り上げられている．

5.4.　分析化学測定において，使用した分析法に依存しない結果を得ることを意図した測定と，そうでない測定を区別することが特に重要である．後者は，しばしば**条件規定分析法**[*1](empirical method)とよばれる．以下の例でこの点をさらに明確にする．

例：
1. 合金中のニッケル定量方法はいくつかあるが，通常，質量分率またはモル分率で表した同じ単位の同じ結果が得られると予期される．原理的に，分析法によるかたより，またはマトリックスによる系統的効果を補正する必要があるが，それらの効果を確実に小さくすることのほうが一般的である．通常分析結果は，その情報として提供する場合を除き，使用した特定の分析法を引用する必要はない．このような分析法は条件規定分析ではない．
2. 「抽出される脂肪」の定量は，抽出条件によってかなり異なる．「抽出される脂肪」は，条件の選択に完全に依存するため，その分析法は条件規定分析的である．測定量は使用した分析法によって決まるため，分析法固有のかたよりの補正を考えることは意味がない．分析結果は，一般的に分析法を引用して報告し，分析法固有のかたよりは補正しない．このような分析法は条件規定分析とみなされる．
3. 基質(substrate)，あるいはマトリックス中の変動が大きく，そして予想困難な影響がある場合，しばしば同じ材料を測定する試験所間の同等性

---

*1 訳注：本書第2版では"emprical method"とだけ記載されていたが，第3版では"empirical method or operationally defined method"と記載されている．これらの用語に対応する日本語が見つからないので，その用語の意味からこのようによぶ．

(comparability)を得るだけの目的で方法が開発される．分析操作は特定の場所における貿易，あるいはその他の決定をするために，存在する分析種の真値の絶対測定を目的としない国内あるいは国際的標準法がそのまま採用される．分析法のかたより，またはマトリックス効果の補正は，慣例に従い(それらが分析法の開発において最小化されても，あるいはされなくても)無視される．通常，分析結果はマトリックス効果または分析法のかたよりを補正せずに報告される．このような分析法は条件規定分析とみなされる．

5.5. 条件規定分析と非条件規定分析(時々**合理的**(*rational*)**分析**ともよばれる)間の区別は，不確かさの推定に影響するので重要である．上記の例2と3において，用いる規約によっては，いくつかのきわめて大きな影響に付随する不確かさは，通常の使用では関係がない．分析結果が使用した分析方法に依存すると予想されるのか，そうではないのか，分析方法の依存性に十分な配慮を払うべきで，分析方法の影響が報告する結果に関係する場合にのみ，その大きな影響を不確かさの推定に含めるべきである．

6 ステップ2 不確かさ要因の同定

6.1. ここでは，不確かさに関係する要因の包括的リストを作成する．この段階では，各成分の定量を考える必要はない．この目的は，何を考慮するべきかについて完全にはっきりさせることである．この後のステップ3では，各要因を取り扱う最適方法を検討する．

6.2. 必要とする不確かさ要因リストの作成において，測定量を計算するための基本式で，通常の範囲の中間値から始めるのが便利である．この式中の全てのパラメータは，それらの値に付随する不確かさをもつ．このため，それらのパラメータは不確かさ要因の可能性がある．その他に，測定量の計算に使われる式にははっきり現れないパラメータもある．例えば，抽出時間や温度で，式中には現れないが測定結果に影響するパラメータもまた，不確かさの可能性がある要因である．それら全ての種々の要因を，リストに含まなければならない．このことに関する追加情報を付録C(分析プロセスにおける不確かさ)に示す．

6.3. 付録Dに示す特性要因図は，各要因がどのように関係し，そして分析結果の不確かさにどのように影響するかを示すので，不確かさの要因リスト作成に非常に便利である．また，この図は要因の二重加算を防ぐのにも役立つ．不確かさ要因リストは，他の方法でも同様につくることができるが，原因と影響図(特性要因図)は，この後の章と付録Aの全ての例(A7を除く)で使われる．さらなる情報は付録D(要因と影響解析)に示す．

6.4. いったん，不確かさの要因リストがつくられると，原則として分析結果への影響は数式の測定モデルによって表され，その中で各影響はパラメータまたは

式中の変数と関係付けることができる．その式は，測定結果に影響する全ての因子に関する測定プロセスの完全モデルを形づくる．このモデル作成は非常に複雑であるかもしれず，明確に記載することが困難であるかもしれない．しかし，可能ならモデル作成(数式化)は行ったほうがよく，ほとんどの場合，式の形によって個々の不確かさの寄与を合成する方法が決まる．

6.5. 測定操作を一連の個別の操作(単一操作ともよばれる)として考えると，さらに有用である．それぞれの操作に付随する不確かさの推定値を得るため，別々に査定を行う．これは，類似の測定操作が共通の単一操作を共有する場合，特に有用な方法である．各操作に対する個別の不確かさは，その後全不確かさに寄与する成分となる．

6.6. 実際には，適切な標準物質で得られる精度とかたよりのような，分析法全体の性能因子に付随する不確かさを考慮することが，分析化学測定ではより一般的である．一般に，それらの寄与は不確かさ推定において支配的であり，分析結果の独立した影響として最良のモデル化である．次に，他の考えられる寄与についてそれらの重要性をチェックするためにだけ評価し，重大である場合にだけ定量する．分析法の妥当性確認試験データの使用に特に適用されるこのアプローチは，7.2.1項でさらに説明する．

6.7. 不確かさの典型的な要因を以下に示す．

・**サンプリング**
　インハウスまたは野外サンプリングをする場合，そのための操作が発生し，試料間のランダム変動，そしてサンプリング操作におけるかたよりの可能性が，最終結果に影響する不確かさ成分になる．

・**保管状態**
　試料は分析前にある程度の期間保管されるので，保管条件は分析結果に影響を与えるかもしれない．保管期間，および保管条件は，不確かさ要因として考慮しなければならない．

・**機器の影響**
　機器の影響も含まれるかもしれない．例えば，化学天秤の校正における正確さ

の限界，温度調節器が保つ平均温度と表示される設定温度が機器の仕様範囲内で異なる場合，そして自動分析装置が予定した分析を処理することができず，翌日以降に持ち越した場合の影響等がある．

・**薬品の純度**

検定操作に関連するいくつかの不確かさが残るため，もし薬品の母材が分析されたとしても，体積測定によって調製された溶液濃度は正確に知ることはできない．例えば，多くの有機染料は100％純粋ではなく，異性体や無機塩を含むことがある．そのような物質の純度は通常，メーカーによって「○○○％以上」と表示される．純度レベルの仮定によって，不確かさ要因が導入される．

・**想定されるストイッキオメトリー（化学量論）**

分析プロセスが特定化学反応のストイッキオメトリーに従うと想定される場合，予想されるストイッキオメトリーからの逸脱や，不完全な反応，副次反応を考慮に入れる必要がある．

・**測定条件**

例えば，体積を測定するガラス器具が校正時の温度と違う周辺温度で使用されることがあるだろう．全ての温度効果は補正されなければならないが，使用温度における液体とガラス全ての不確かさも考慮されなければならない．同様に，湿度変化に敏感な物質の場合，湿度も重要である．

・**試料効果**

複雑なマトリックス組成の試料から分析種の回収率は，マトリックスの組成によって影響されることがある．分析種のスペシエーションでは，この効果はさらに影響が大きいこともある．

試料または分析種の安定性は，熱管理または光分解効果の変化によって分析中に変化することもある．

回収率測定に「スパイク[*1]」を使用する際，試料からの分析種の回収率とスパイクの回収率が異なることがあり，これによって導入される不確かさを評価する必要もある．

[*1] 訳注：回収率の測定，あるいは同位体希釈のために添加される既知量の物質または既知の同位体比の同位体のことをいう．

- **計算の影響**

  例えば，曲線状の応答に対し，直線状の校正式を使用すると，フィッティングが正しくないため不確かさが大きくなる．

  切り捨てと四捨五入は，最終結果に不正確さをもたらす．それらが予想されることは稀なため，不確かさの許容範囲が必要である．

- **ブランク補正**

  ブランク値とその補正の適切さの両方に関係する不確かさもあるだろう．これは微量成分分析において特に重要である．

- **分析者の影響**

  計器または目盛の読み取りが常に高いか，あるいは低い傾向のある可能性．

  分析法のわずかな理解の違いを生じる可能性．

- **偶然効果**(random effect)[*2]

  偶然効果は，測定における全ての不確かさに寄与する．もちろん，この項目はリストに含めるべきである．

注記：それらの不確かさ要因の発生源は，独立している必要がない．

[*2] 訳注：変量効果および確率効果などともよばれるが，本書では偶然効果とよぶ．

7 ステップ3 不確かさの定量

7.1. まえがき

7.1.1. ステップ2(6章)で説明したようにして不確かさ要因を確定した後,次は各要因不確かさの定量である.これは,次のようにして行う.
・個々の要因から生ずる不確かさを評価し,その後8章で述べるようにして不確かさを合成する.付録の評価例A1〜A3にはこの手順を示す.

または,
・それらの要因のいくつか,あるいは全てについて,分析法の性能データを用い,不確かさへの寄与を合成したものを直接定量する.この方法の代表的な応用例を付録の評価例A4〜A6に示す.

実際は,これらの組合せによって行う.

7.1.2. 上記の方法のどちらが使われるとしても,不確かさの評価に必要な情報の大部分は,分析法の妥当性確認試験結果,QA/QC(品質保証/品質管理)データ,そして分析法の性能をチェックするためのその他の実験データとしてすでに得られている.しかし,不確かさ評価に必要な全ての要因データが得られないこともあり,その場合はさらに7.11〜7.15節に述べる作業が必要になる.

7.2. 不確かさの評価手順

7.2.1. 全体の不確かさ評価に使われる手順は,分析法の性能についての得られるデータに依存する.評価手順の展開には以下のステップが含まれる.

7 ステップ3 不確かさの定量

・**必要な情報と得られるデータの突き合わせ**
はじめに，不確かさ要因リストについて，得られるデータがどの不確かさ要因を説明するのかを検討するために，精査しなければならない．得られるデータは，特定の寄与についての直接的な試験による場合もあるし，一連の分析法の実験全体の中で，間接的に変動を与える場合もある．それらの要因は，ステップ2で作成したリストに対してチェックされ，残っている全ての要因は，どのような不確かさへの寄与が含まれているかを検討できる監査記録を提供するため，一覧表にされる．

・**さらに必要なデータを得るための計画**
存在するデータで適切に補われない不確かさ要因については，文献または有効なデータ（保証書，機器の仕様書等）の付加的なデータに求めるか，さもなくば実験を計画する．追加実験は，不確かさへの単一の寄与を調べるための特定の試験か，あるいは重要な因子の代表的な変動を確認するために実施される通常の分析法性能試験の形態をとる．

7.2.2. 全ての要因が，合成された不確かさに大きく寄与するとは限らない，ということを認識することが大事である．事実，実際にはほんのわずかの数の要因しか寄与しないこともある．不確かさ要因の数が多くない限り，最大値の3分の1以下の成分は詳細に評価する必要がない．各成分または合成不確かさへの寄与について予備的な推定を行い，重要でない成分は除外する．

7.2.3. これ以降の節では，得られるデータと必要な追加情報に応じて，とられる操作を説明する．7.3節では，妥当性確認試験データを含む，事前に測定された実験データを使用するための必要事項を示す．7.4節では，個々の要因だけに由来する不確かさ評価について簡単に考察する．これは，得られるデータによって，全ての要因に必要になるかもしれないし，あるいは確認されたほんの少数の要因に必要になるかもしれない．このため，この節でもう一度考える．7.5～7.9節では，多岐にわたる状況での不確かさ評価について述べる．7.5節は，マトリックス成分や濃度がごく近い性質の標準物質を使用する方法を述べる．7.6節は，共同実験データの使用，そして7.7節はインハウス妥当性確認試験データの使用を取り扱う．7.9節は条件規定分析法のために特別に考慮すべき事項を述べ，

7.10 節ではアドホック分析法を取り扱う．実験的検討，文書およびその他のデータ，モデル化(数式化)，そして専門的判断等による不確かさの個々の成分を定量する方法は，7.11～7.15 節でさらに詳細に取り扱う．7.16 節では，不確かさ推定における既知のかたよりの取扱いを説明する．

7.3. 事前に行われた試験との関連性

7.3.1. 不確かさの推定が，少なくとも一部でも事前に実施された分析法の性能試験に基づく場合，事前に行われた試験結果を不確かさ推定に適用することの妥当性を示す必要がある．これには，一般的に以下に示す内容が含まれる．
・事前に行われた試験で得られた不確かさと同等の精度が得られることの実証．
・事前に得られたかたよりデータの使用が，正当化されることの実証．例えば，関連する標準物質(例えば，ISO ガイド 33 [H.12] 参照)に対するかたよりの決定や，適切な添加(回収)試験，関連する技能試験スキームまたは他の試験所間との比較試験により，かたよりのデータは正当化される．
・定期的な品質管理(QC)試料の測定結果によって示される連続した性能が統計管理内であり，かつ効果的な品質保証(QA)手順が導入されている．

7.3.2. 上記の条件を満たし，その分析法の適用範囲内の分野に適用する場合，事前に行われた妥当性確認を含む試験データを，問題になっている試験所の不確かさ推定に直接適用することは通常問題がない．

7.4. 各不確かさ成分を定量する不確かさ評価

7.4.1. 個々の不確かさ要因を個別に評価することが最適な方法の場合がある．特に，分析法の性能データが全くないか，あるいは少ししかない場合はそれに当てはまる．

7.4.2. 個々の要因の統合に使われる一般的な手順は，実験操作の詳細な数量モデル(例えば，5 章と 6 章，特に 6.4 節参照)をつくり，個々の入力パラメータに寄与する標準不確かさを見積もり，8 章で述べる方法によって合成することであ

る．

7.4.3.　わかりやすくするため，実験と他の方法による各要因の寄与の見積りについての詳細説明を，7.11〜7.15 節に示す．付録 A 中の例 A1〜A3 は，この操作の詳細説明を示す．この操作の応用に関する広範囲な説明は，ISO のガイド[H.2]にも示されている．

7.5.　マトリックスがよく一致する認証標準物質の測定

7.5.1.　認証標準物質の測定は，トレーサビリティがある参照に対して測定操作全体の校正を効果的に行うことができるため，通常分析法の妥当性確認試験または再妥当性確認試験の一部として行われる．この測定は，潜在的な不確かさ要因を合成した効果の多くの情報を与えてくれ，不確かさを見積もるために非常に有用なデータが得られる．さらに詳細については 7.7.4 項に示す．

注記：ISO ガイド 33[H.12]には，分析法の性能チェックにおける標準物質の使用に関する有用な情報が記載されている．

7.6.　事前に行われた分析法の共同開発と妥当性確認試験データを使用する不確かさ評価

7.6.1.　公表された分析法の妥当性確認をするために実施される，例えば AOAC/IUPAC プロトコル[H.13]，または ISO 5725 標準[H.14]に従った共同実験は，不確かさの決定を支える有用なデータ源である．そのデータは，通常いくつかの代表的な応答レベルに対する再現性標準偏差 s_R の推定，応答レベルの s_R 依存性の線形推定（linear estimation）を含み，そして認証標準物質（CRM）による実験に基づいたかたよりの推定を含むこともある．これらのデータをどのように使用できるかは，実験の際に考慮した因子に依存する．7.2 節で示したように，「突き合わせ（reconciliation）」の段階の間，共同実験データによってカバーされない全ての不確かさ要因を特定する必要がある．特別な考慮が必要であると考える要因を以下に示す．

7.6. 事前に行われた分析法の共同開発と妥当性確認試験データを使用する不確かさ評価

- **サンプリング**：共同実験に，サンプリング操作はめったに含まれない．もし，インハウスで使われる分析法が試料のサブサンプリングを含む場合，あるいは小さい試料の測定量から試料全体のバルク特性を推定するような場合には，サンプリングの影響を検討し，その影響を含めなければならない．
- **試料の前処理**：大部分の共同実験では，試料は配布前に均質化され，さらに安定化される．インハウスで適用される特定の前処理操作の影響は，検討し，加える必要がある場合がある．
- **分析法のかたより**：参照分析法または標準物質との比較が可能な場合，分析法のかたよりはしばしば共同実験の前，あるいは実験期間中に検討される．かたよりそれ自身と，使われる参照値の不確かさ，かたよりのチェックに付随する精度が，s_R に比べ全て小さい場合，かたよりの不確かさを大きくする必要はない．そうでない場合，相当量を追加する必要がある．
- **条件の変動**：共同実験に参加するような試験所は，許容範囲内の平均的な値をとる傾向にあるので，結果的に分析法の定義内で許容される結果の範囲を過小評価してしまう．そのような影響が検討され，それらの全ての許容される範囲で不確かさの値が小さいことが示される場合，さらなる不確かさを追加する必要はない．
- **試料マトリックスの変更**：マトリックスの組成あるいは妨害レベルが，実験によって求められた範囲外であることによって発生する不確かさは，検討する必要がある．

7.6.2. ISO 5725 に従った共同実験で得られたデータに基づいた不確かさ推定は，ISO 21748「測定不確かさの評価における，繰返し性(併行精度)，再現精度，および真度の推定値の利用の指針」[H.15]に十分に記述されている．共同実験データを使用する測定不確かさ評価のための一般的な推奨手順は以下のとおりである．

a) 分析法の公表済み情報から，使用した分析法の繰返し性，再現性，そして真度の推定値を入手する．

b) 測定に対する試験所のかたよりが，a)から得られるデータに基づいて予想される範囲内かどうかを確証する．

c) 現行の測定で達成される精度が，a)から得られる繰返し性と再現性推定に

基づいて予想の範囲内かどうかを確証する.

d) a)で参照した試験において適切に明確化されなかった測定のあらゆる影響を特定し，感度係数と各影響の不確かさを考慮しながら，それらの影響から生じる分散を数値化する.

e) かたよりと精度が管理下にある場合，b)とc)で示したように，合成不確かさの推定をするべく，a)で推定された再現性標準不確かさと，真度に付随する不確かさa)とb)，そして追加効果d)の影響を合成する.

この手順は，7.2節で設定した一般的な手順と本質的に同じものである．しかし，試験所の性能は，使われた測定法に対して予想されたものと一致していることをチェックすることが重要であることを留意すべきである.

共同実験データの使用は，例A6(付録A)に示されている.

7.6.3. 規定された範囲内で操作する分析法に対し，突き合わせ段階で特定された全ての要因が妥当性確認試験に含まれていることが示された時や，7.6.1項で考察したような残された全ての要因の寄与が無視できることが示された時，必要に応じて濃度の単位に調整された再現性標準偏差 s_R を合成標準不確かさとして使ってもよい.

7.6.4. 併行標準偏差 s_r は，主な不確かさの寄与を考慮しないため，不確かさの推定値には通常適さない.

7.7. インハウス開発と妥当性確認試験を使用する不確かさ評価

7.7.1 インハウス開発と妥当性確認試験は，主に3.1.3項に示す分析法の性能パラメータの決定からなる．それらのパラメータからの不確かさ推定では，以下の情報を使用する.

・全体精度に対して得られる最良の推定値
・全体のかたよりとその不確かさについて得られる最良の推定値
・7.6節で述べた全体の性能試験の中で，十分に見積もられなかった影響に付随する不確かさの定量

精度試験

7.7.2. 精度は可能な限り長期間にわたって推定し，結果に影響する全ての因子が自然に変動するように選ばなければならない．これは，以下の情報から得ることができる．

・比較的長期間にわたり，可能であれば異なる分析者と機器によって，一般的な試料を何回か分析して得られる結果の標準偏差(QC チェック試料の測定結果がこの情報を与えてくれることがある)

・いくつかの試料に対してそれぞれ実施された，繰返し分析の標準偏差

注記：中間精度を推定値するための繰り返しは，大きく異なる時間で実施しなければならない．バッチ内の繰り返しは，繰返し性(併行精度)の推定値を与えるだけである．

・各因子に対して別々に分散推定値を与えるため，分散分析(ANOVA, analysis of variance)によって解析される秩序だった多因子実験計画(multi-factor experimental designs)

7.7.3. 精度は，応答レベルによって大きく変動することに留意する必要がある．例えば，観察される標準偏差は，分析種の濃度によってしばしば大きく，系統的に増減する．そのような場合の不確かさ推定は，精度が特定の結果に適用できるよう，調整しなければならない．付録 E.5 では，応答レベルに依存する不確かさ寄与の取扱いをさらに説明する．

かたよりの検討

7.7.4. 全体のかたよりは，関連する認証標準物質(CRM)に対する全測定操作の繰返し分析によって最もよく推定することができる．繰返し分析を実施し，かたよりが大きくないとわかった場合，かたよりに関連付けられる不確かさは，単に CRM 値の標準不確かさとかたよりの測定に付随する標準偏差の組み合わせである．

注記：この方法によって推定されるかたよりは，試験所の力量に基づくかたよりと使用した分析法固有のかたよりの合成である．使用された方法が条件規定分析法である場合，特別な配慮をする．7.9.1項を参照のこと．

- 標準物質が唯一の試験物質の類似物質である時，必要に応じて組成と均質性の違いを含む追加因子を考慮しなければならない．標準物質は，しばしば試験物質よりも均質性が良い．もし，それらの不確かさを与える必要があれば，専門家の判断に基づく推定値を使う(7.15節参照)．
- 分析種の濃度の違いによる影響，例えば分析種の高および低レベル間で抽出損失が異なることはよくある．

7.7.5. 検討する分析法のかたよりは，分析結果を参照分析法の結果と比較することによっても求めることができる．もし，分析結果のかたよりが統計学的に有意でないことが示されれば，標準不確かさは，その参照分析法の標準偏差と分析法間で測定された差に付随する標準不確かさを合成したものである．標準不確かさに対する後者の寄与は，以下に示す例で説明するように，その差が統計学的に有意かどうかを決める有意検定で使われる標準偏差で与えられる．

例：

Se 濃度の定量法(方法1)と参照分析法(方法2)を比較する．各方法による分析結果($mg\ kg^{-1}$)を以下に示す．

	$\bar{x}$	s	n
方法1(定量法)	5.40	1.47	5
方法2(参照分析法)	4.76	2.75	5

プールされた標準偏差(pooled standard deviation)s_c を求めるため，各分析法の標準偏差を合併する．

$$s_c = \sqrt{\frac{1.47^2 \times (5-1) + 2.75^2 \times (5-1)}{5+5-2}} = 2.205$$

そして，次式によって t 値を求める．

$$t = \frac{(5.40-4.76)}{2.205\sqrt{\left(\frac{1}{5}+\frac{1}{5}\right)}} = \frac{0.64}{1.4} = 0.46$$

自由度8に対する t_{crit} は2.3であるので，二つの方法によって与えられる結果の平均値間には著しい差が認められない．しかし，二つの平均値の差0.64は，上記の標準偏差の項1.4と比べられる．この1.4の値は，差に付随する標準偏

差で，したがって測定されたかたよりに付随する不確かさと関係のある寄与を表すものである．

7.7.6. 全体のかたよりは，事前に検討された物質に分析種を添加することによっても推定することができる．これには上記の標準物質の検討と同じ考察を適用できる．さらに，添加された物質と試料に元々含まれていた物質との挙動の違いを考慮し，正当な不確かさの相当量を定めなければならない．そのような相当量は，以下の記述に基づいて与えられる．

・様々な種類のマトリックスに，種々の濃度レベルの分析種を添加することによって観察される，かたよりの分布に関する検討
・標準物質から得られた測定結果と，同じ標準物質に添加された分析種の回収率の比較
・異常な挙動が知られる特定物質に基づく判定．例えば，一般的な海洋生物標準物質である牡蠣の身の組織は，試料の湿式分解の際，いくつかの元素はカルシウム塩と共沈する傾向があることはよく知られている．「最悪ケース」における回収率の不確かさを，例えば，最悪ケースを三角分布または矩形分布の極度（extreme）として取り扱うことに基づいた推定値を与えてよい．
・それまでの経験に基づく判定

7.7.7. かたよりは，特定の分析法による結果と，一定量の分析種を物質に加える標準添加法によって測定された値を比較することによっても推定することができ，正しい分析種濃度が外挿によって求められる．かたよりに付随する不確かさは，通常外挿による不確かさによって支配されるが，必要に応じ，これに保存水溶液の調製と添加による不確かさの寄与を合成する．

注記：これに関して，分析種は抽出物にではなく，元の試料に添加しなければならない．

7.7.8. 補正は，認識される大きな系統的影響を与える全ての要因に適用しなければならないことは，ISO ガイドの一般要求事項である．補正が有意な全体的なかたよりを考慮するために適用される場合，かたよりに関連する不確かさは，7.7.5項の有意でないかたよりの場合と同様に推定する．

7.7.9. かたよりが大きいにも関わらず，実際上の目的によって無視される場合，さらに作業が必要になる(第7.16節参照)．

追加因子(additional factors)

7.7.10. 残った因子の影響は，実験によって変動を測定するか，あるいは確立された理論から予測するかのどちらかによって，個別に推定しなければならない．そのような因子に付随する不確かさは，推定し，記録し，そして通常の方法によって他の寄与と合成する．

7.7.11. それら残りの因子の影響が，試験の精度に比べて無視できることが示された場合(すなわち，統計学的に有意ではない)，その不確かさ寄与には，因子の有意検定に付随する標準偏差と等しい値の使用を推奨する．

例：

最適抽出時間として認められる時間に対し，1時間変化させた場合の影響を，同じ試料を通常の抽出時間とそれから1時間減らした時間によってそれぞれ5回ずつ定量し，t検定によって調べる．平均と標準偏差($mg\,L^{-1}$の単位)は，標準的なほうの時間：平均値1.8，標準偏差0.21，1時間減らしたほうの別の時間：平均値1.7，標準偏差0.17であった．次式のプールされた分散を使用するt検定を行う．

$$\frac{(5-1)\times 0.21^2 + (5-1)\times 0.17^2}{(5-1)+(5-1)} = 0.037$$

t値を求める．

$$t = \frac{(1.8-1.7)}{\sqrt{0.037\times\left(\frac{1}{5}+\frac{1}{5}\right)}} = 0.82$$

これは，$t_{crit} = 2.3$に比較して有意ではない．しかし，両方の抽出時間による平均値の差(0.1)は，計算された標準偏差の項$\sqrt{0.037\times(1/5+1/5)} = 0.12$と比較される．この値は，抽出時間の許容変動の影響に付随する不確かさの寄与である．

7.7.12. 影響が検出され，そして統計学的にも有意であるが，実際上無視する

ことができるほど十分小さい場合，7.16節の記述を適用する．

7.8. 技能試験(PT)データの使用
7.8.1. 不確かさ評価におけるPTデータの使用

技能試験(PT, proficiency testing)のデータもまた，不確かさ評価に有用な情報を提供してくれる．試験所において長い間使われている方法に対する，技能試験(外部品質保証(EQA, External Quality Assurance)ともよばれる)のデータは，次の目的に使うことができる．
・単一試験所のPT試験結果によって推定された不確かさをチェックするため
・試験所の測定不確かさの評価のため

7.8.2. 不確かさ評価のためのPTデータの妥当性

PTデータを使用する利点は，第一に，試験所の性能試験をしながら，単一試験所が，測定の特定分野の関連性から選択した様々な範囲のよく特徴付けされた試料を，ゆっくり時間をかけて試験をすることができることである．さらに，試料に対する安定性と均質性の要件は，しばしばあまり厳しくないため，PT試験項目はCRMよりもより日常試験と似ている．

PT試料の相対的な欠点は，認証標準物質に比べ，トレーサビリティがある参照値がないことである．特に，合意値(consensus value)[*1]はたまに間違いを起こす．それらを不確かさ推定に使用する場合には相当の注意が必要で，一般にPT結果の解釈のためのIUPACによる勧告のとおりである[H.16]．しかし，大きなかたよりをもつ合意値は，配布される全ての試料の割合に比べると少なく，PTでよくみられる試験期間の延長によってかなり抑制できる．このためPT参加者の結果の合意によって付与された値を含むPT付与値は，多くの実際的な目的に対し，十分に信頼性のあるものとみなされる．

試験所のPTへの参加によって得られるデータは，以下の条件下で，不確かさ推定に有用である．
・PTの試験項目は，ルーチン試験の項目を代表する．例えば，試料の種類と測

[*1] 訳注：PT参加者の結果を統計処理して求めた値．

定量値の範囲が適切である．
・付与値(assigned value)は適当な不確かさをもつ．
・PT の受験回数が適切である．信頼性のある推定を得るためには，適切な時間間隔で最低限 6 回の受験が推奨される．
・合意値が使われる場合，参加試験所の数が試料の信頼性のある値付けに十分なものである．

7.8.3. 不確かさ推定をチェックするための使用

PT 試験による外部品質保証(EQA)は，試験所の全体的な性能を定期的にチェックするためのものである．不確かさは多数回にわたる PT 受験によって得られる結果の拡がりに相当する大きさであるべきなので，PT によって得られる試験所の結果は，結果的に評価された不確かさのチェックに使うことができる．

7.8.4. 不確かさを評価するための使用

何回かの PT にわたる付与値からの試験所の測定結果の逸脱は，その試験所の測定不確かさの予備評価になる．

もし PT 計画の中で，同じ方法を使う全ての参加者の結果が選ばれたなら，得られる標準偏差は試験所間の再現性推定と等しく，原理的に共同実験(7.6 節)から得られる再現性標準偏差と同じように使うことができる．

EUROLAB 技術報告，1/2002「試験における測定不確かさ」[H.17]，1/2006「定量試験結果のための測定不確かさの評価ガイド」[H.18]，1/2007「測定不確かさの再検討：不確かさ評価への別のアプローチ」[H.19]は，PT データの使用をさらに詳細に述べるとともに，評価例を示している．そして，NORDTEST ガイド[H.20]は，環境試験所向けの一般的なアプローチを示している．

7.9. 条件規定分析法の不確かさ評価

7.9.1. 「条件規定分析法」は，本質的に，測定量が使用する分析法に特異的に依存し，特定の応用分野内で使われる比較測定を目的とした分析法である．したがって，方法は測定量を定義する．陶磁器中の溶出性金属および食品中の食物繊維の分析法は，この例に含まれる(5.4 節と例 A5 を参照のこと)．

7.9.2. 条件規定分析法が明示された応用範囲内で使用される場合，分析法に関連するかたよりはゼロとする．このような状況におけるかたよりの推定は，試験所の性能だけに関連付ける必要があり，分析法固有のかたよりをさらに見積もってはならない．これには，以下の意味合いがある．

7.9.3. かたよりを無視できることを示すため，あるいはかたよりを測定するために，標準物質による試験が実施されなければならない．その標準物質は，規定の方法によって認証されている，あるいは比較のため規定の方法による値が得られている認証標準物質を使用しなければならない．

7.9.4. そのような値付けされた標準物質が得られない場合，かたよりの全体的なコントロールは，結果に影響する分析法のパラメータ(代表的には，時間，温度，重量，体積等)のコントロールに関連する．そのような入力因子に付随する不確かさは適宜見積もられ，そして無視することができるか，あるいは定量することができるかを示さなければならない(例 A6 参照)．

7.9.5. 通常，条件規定分析法は共同実験に依存するので，その不確かさは7.6節に記述する方法によって評価される．

7.10. アドホック分析法の不確かさ評価

7.10.1. アドホック分析法は，短期間あるいはごく少量の試験物質のための予備的試験を実施するために確立される方法である．このような分析法は，主として試験所内の標準または完全に確立された方法に基づくが，例えば別の分析種の試験のように大幅に変更され，そして問題になっている特定物質の正式な妥当性確認試験には，一般的に正当化されない．

7.10.2. 関連する不確かさ寄与を明らかにするために割ける労力が限られるため，関連するシステム，またはシステムの構成単位(ブロック)の既知の性能の値を大いに活用する必要がある．不確かさの推定は，結果的に関連するシステムまたはシステムの既知の性能に基づかなければならない．この性能情報は，情報の

関連性を明らかにするために必要な試験によって裏付けられなければならない．以下の提案は，そのような関連するシステムが得られ，そしてそれらが信頼できる不確かさ推定値を得るために十分に検査されているか，あるいはアドホック分析法が他の分析法のブロックで構成されていること，そしてそれらのブロックの不確かさが予め明らかにされていることを想定している．

7.10.3. 問題になっているアドホック分析法に対し，最低限全体のかたよりの推定値と精度の目安が得られることが絶対に必要である．理想的には，かたよりは標準物質に対して測定されるが，実際にはスパイクの添加回収からのほうがより一般的に評価される．問題になっているアドホック分析法について，事前に行われた検討との関連性を明らかにするため，スパイクの回収率が関連するシステムが観測する回収率と同等でなければならないということを除き，7.7.4項の検討が適用される．アドホック分析法によって観測される試験物質全体のかたよりは，関連するシステムで得られるかたよりと，試験で要求される範囲内で同程度であるべきである．

7.10.4. 最小限の精度試験は，2回の繰返し分析である．しかし，実際上可能な限り多数回の繰り返しが推奨される．アドホック分析法の精度は，関連するシステムの精度と比較し，標準偏差が同程度であるべきである．

注記：検査に基づいた比較が推奨される．統計学的有意検定(例えば，F検定)は，一般に少数回の繰り返しに対して信頼性が乏しく，低い検出力によって簡単に「大きな違いはない」という結論になる傾向がある．

7.10.5. 上記の条件を明らかに満たす場合，濃度依存性と他のすでにわかっている因子を適切に調整しながら，関連するシステムの不確かさ推定値を，アドホック分析法によって得られる結果に直接適用できる．

7.11. 各不確かさ成分の定量

7.11.1. いくつかの不確かさ要因を個別に検討することは，ほぼいつも必要である．場合によっては，これは少数の要因にのみ必要になる．それ以外には，特

に分析法の性能データが少ないか，あるいはない場合に，全ての要因を個別に検討する必要があるだろう（実例として付録Aの例A1, A2, A3を参照されたい）．個々の不確かさ成分を求めるための，一般的ないくつかの方法を以下に示す．
・入力変数の実験的変動
・測定証明書および校正証明書のような固定データ（standing data）から
・理論的原理からの数学的モデル化から
・仮定の数学的モデル化による情報，あるいは経験に基づく判断の使用
それら種々の方法を以下で簡単に考察する．

7.12. 各不確かさ寄与成分の実験的推定

7.12.1. 個々のパラメータに特化した実験的検討によって，不確かさ寄与の推定値を得ることは，しばしば可能であり，実際的である．

7.12.2. 偶然効果による標準不確かさは，通常繰返し実験によって測定され，測定値の標準偏差から定量される．実際上，高精度の要求がない限り，通常約15回を超える数の繰り返しを考慮する必要はない．

7.12.3. その他の標準的な実験には，以下に示すものが含まれる．
・分析結果に対する単一パラメータの変動による影響検討．これは，時間または温度のような連続的で制御可能な，そして他の影響とは無関係なパラメータに特に適している．パラメータ変化による分析結果の変化の割合は，実験データから得られる．これは，関連する不確かさ寄与を得るため，パラメータの不確かさと直接合成される．

注記：実験で得られる精度に比べて分析結果が十分に変化するよう，パラメータの変化は十分に大きくしなければならない（例えば，繰返し測定の標準偏差の5倍の大きさ）．

・頑健性試験は，パラメータの小さな変化の有意性を系統的に試験する．これは重大な影響を迅速に特定するのに特に適しており，分析法の最適化のためによく使われる．この方法は，マトリックスの変化，あるいは機器構成のちょっとした変化のような，分析結果に予測不可能な効果を与える個別の影響に適用す

ることができる．要因が重大であるとわかった場合，通常さらに検討が必要になる．要因の影響が小さい場合，付随する不確かさは，少なくとも最初の推定では，頑健性試験から得られる．

・要因効果 (factor effect) とその相互作用の推定を目的とする系統的な多因子性実験計画 (maltifactor experimental designs)．そのような検討は，カテゴリー変数 (categorical variables) が含まれる場合に特に有効である．カテゴリー変数とは，変数の値が影響の大きさに無関係なもので，試験所の数，分析者名，試料の種類等である．例えば，マトリックス種の変化（分析法の適用範囲に規定された範囲内）の影響は，繰り返しの複数のマトリックス試験で実施された回収率試験から推定される．分散の分析は，観測される回収率に対する分散のマトリックス内，およびマトリックス間成分を与えてくれる．分散のマトリックス間成分は，マトリックスの変化に付随する標準不確かさを与える．

7.13. その他の結果またはデータに基づく推定

7.13.1. 関与する量の不確かさが得られるあらゆる関連情報を使うことで，しばしば標準不確かさのいくつかが推定される．以下の項ではそのような情報源をいくつか示す．

7.13.2. 品質管理 (QC) データ． すでに述べたように，標準操作手順 (SOP) に設定した品質基準が達成され，そして QC 試料の測定が基準を満たし続けていることを確保する必要がある．QC チェックに標準物質が使われる場合，そのデータを不確かさの評価にどのように使うことができるかは 7.5 節に示す．他の安定物質が使われる場合，QC データは中間精度 (7.7.2 項) の推定値を与えてくれる．安定な QC 試料が得られない時，品質管理は繰返し性（併行精度）を監視するために二重測定，または類似の分析法を用いて行われる．長期間にわたって貯められた繰返し測定データは，合成不確かさの一部を形成することができ，併行標準偏差の推定に使われる．

7.13.3. QC データはまた，不確かさの見積もり値の継続的なチェックにもなる．明らかに，偶然効果から生じる合成不確かさは，QC 測定の標準偏差以下に

はできない．

7.13.4. 不確かさ評価における QC データの使用に関する詳細は，最近の NORDTEST[H.20]および EUROLAB[H.19]ガイドに記述されている．

7.13.5. <u>メーカーの情報</u>．校正証明書やメーカーのカタログは，数多くの不確かさ要因情報を与えてくれる．例えば，体積測定用ガラス器具の公差(許容範囲)は，使用に先立ってメーカーのカタログや検定証の各項目から得られる．

7.14. 理論的原理からのモデリング

7.14.1. 多くの場合，よく確立された物理理論によって，分析結果への影響に対するよいモデルが得られる．例えば，温度の体積と密度への影響はよく知られている．そのような場合，不確かさは 8 章で述べる不確かさの伝ぱ則を使用し，関係式から計算するか，または推定することができる．

7.14.2. その他の状況では，実験データと組み合わせた近似理論モデルを使う必要があるかもしれない．例えば，分析測定が，ある時間を区切って反応させる(時限の)誘導体化反応(timed derivatisation reaction)[*2]に依存する場合，時間計測に付随する不確かさを評価する必要がある．これは，経過時間内の単純な変化によって調べることができるだろう．しかし，分析対象に近い濃度領域で誘導体化の反応速度論について簡単な実験を行い，そこから反応速度のおおまかなモデルを確立する．そして，所定の経過時間における変化率の予測値から不確かさを評価するのがよい．

7.15. 判断に基づく推定[*3]

7.15.1. 不確かさの評価がルーチン業務的でも，純粋に数学的でもない場合，

 [*2]訳注：誘導体化反応は，有機化合物への官能基の導入，酸化，還元，原子の置換等，母体の構造や性質が改変された化合物をつくる化学反応．

それは測定量の特性および，測定法ならびに測定手順の詳細な情報に依存する．測定結果に見積もられる不確かさの品質とその有用性は，最終的にその値を評価する者の理解，批判的な見方，そして誠実さ(integrity)によって決まる．

7.15.2. データの大部分の分布は，観測されるデータが，中心よりもその周辺に分布する可能性が低いという感覚で解釈される．データの分布とデータに付随する標準偏差の定量は，繰返し測定を通して行われる．

7.15.3. しかし，繰返し測定が実施できないか，あるいは繰返し測定が特定の不確かさ成分について意味のある尺度を与えない場合，不確かさ区間の他の見積もり方が必要になる．

7.15.4. 分析化学では，7.15.2項よりも7.15.3項のほうが優勢の時，判断が必要になる多数の例がある．例えば，
・あらゆる単一試料に対し，回収率とそれに付随する不確かさの見積もりができない場合．その代わり，試料の種類(例えば，マトリックス種のグループ)に対して見積もり，同種の全ての試料に適用する．類似性の程度，それ自身がわからないため，マトリックスの種類から特定試料への推定には，頻度論的解釈(frequentistic interpretation)でない不確かさの余分な要素が付随する．
・分析操作の特定によって定義される測定モデルは，測定された量を測定量(分析結果)に変換するために使われる．このモデルは，科学におけるあらゆるモデルと同様，不確かさの影響を受ける．それは，自然現象は特定のモデルに従って挙動するとだけ仮定されるが，これは決して最高の確かさでわかっているものではない．
・標準物質の使用が強く推奨されるが，真値に関連する不確かさだけでなく，特定試料の分析に使われた特定の標準物質の妥当性の不確かさも残る．示された

---

*3 (前ページ)訳注：可能性がある不確かさ要因には，測定が不可能なものや，時間的あるいは金銭的な面から実験的検討も困難なものがある．しかしそのような不確かさ要因が重要な場合には，それを考察することが重要である．そのような場合，分析者はそれまでの経験とあらゆる関連する知識に基づいた判断を行わなければならない．本節ではそのような状況における不確かさの推定法を述べている．

標準物質が特定の状況下において試料の特性とどの程度類似性があるかの判断が必要になる.
・測定量が測定手順に十分に規定されていない場合，他の不確かさ要因が生じる.「過マンガン酸による酸化性物質」の定量を考えた場合，地下水，あるいは都市排水のどちらを分析するかによって明らかに異なる．酸化反応の温度のような要因だけでなく，マトリックス組成や妨害のような化学的効果もまた，この仕様に影響するだろう．
・構造がよく似ている物質，あるいは同位体異性体[*4](isotopomer)のような単一物質を添加する方法を使用し，それぞれの目的物質または化合物全種類のどちらかの回収率を求めることは分析化学でよく行われる．分析者が，関連する全てのマトリックスに対し，全ての濃度レベル，およびスパイクと測定量の比における目的物質の回収率を検討するために実験を用意するならば，明らかに付随する不確かさを実験的に見積もることができる．しかし，時々この実験は，以下に示す判断に置き換えられる．
 ・測定量の回収率の濃度依存性
 ・スパイク回収率の濃度依存性
 ・マトリックスの種類による回収率依存性
 ・試料に元々含まれる成分と添加成分の結合モードの同一性

7.15.5. この種の判断は，事前の実験結果に基づくものではなく，むしろ個人の主観的確率(subjective probability)に依存する．ここで，主観的確率とは「直観的信頼度(または確信度)(degree of belief)」，「直感的確率(intuitive probability)」，「信ぴょう性(credibility)」等の同意語(H.21)として使われる表現である．直観的信頼度は即断に基づくものではなく，可能性についてよく考慮された慎重な判断によるものと推測される．

7.15.6. 主観的確率は，一人一人異なっており，同じ人でも時間によって異なるものであると認識されているが，それらは常識，専門知識，それまでの経験と

---

 *4訳注：同位体異性体とは，同位体組成が異なる異性体であり，同位体分子種，あるいはアイソトポマー等ともよばれる．

観察によって影響されるような，個人の判断に委ねるものではない．

7.15.7. これは不都合なことのように思われるかもしれないが，必ずしも繰返し測定からの値より実際に悪い推定値を導くわけではない．これは，特にもし実験条件下における真の，そして現実の変動を模擬することができず，結果として生ずるデータの変動が実態を反映していない場合に適用される．

7.15.8. この特性の代表的な問題は，共同実験データが手に入らない時に，長期間にわたる変動を評価する必要がある場合に生じる．実際に測定したもの（共同実験データが得られない時）を主観的確率で代用する選択肢を退ける科学者は，合成不確かさに対する重要な寄与を無視しがちであり，結局このため主観確率に頼る人よりも客観的でない．

7.15.9. 合成不確かさを推定する目的のため，次に示す二つの特徴が直観的信頼度の推定に絶対必要である．
・直観的信頼度が，古典的な確率分布が与えるものと同じように，区間値，すなわち上限と下限とみなされている．
・「直観的信頼度」の寄与の不確かさを合成不確かさに合成するには，他の方法によって導かれた標準偏差と同じ計算ルールが適用される．

7.16. かたよりの有意性

7.16.1. 認識される全ての大きな系統的影響は補正されなければならないことは，ISO ガイドの一般要求事項である．

7.16.2. 既知のかたよりを無視できるかどうかの合理的な判断には，以下の方法が推奨されている．
ⅰ) 関連するかたよりを考慮しないで合成不確かさを推定する．
ⅱ) かたよりと合成不確かさを比較する．
ⅲ) かたよりが合成不確かさに比べて有意でない場合，かたよりを無視してもよい．

7.16. かたよりの有意性

iv) かたよりが合成不確かさに比べて有意な場合，さらなる対応が必要になる．適切な対応は以下のとおりである．

・補正の不確かさに対し，正当な相当量を与えることによって，かたよりを取り除くか，あるいは補正する．

・分析結果に加え，得られたかたよりとその不確かさを報告する．

注記：既知のかたよりが慣例によって補正されない場合，その方法は条件規定分析法と見なされる(7.8節参照)．

8 ステップ4 合成標準不確かさの計算

8.1. 標準不確かさ

8.1.1. 不確かさを合成する前に，寄与する全ての不確かさを標準偏差，つまり標準不確かさで表さなければならない．これにはばらつきの大きさからの変換が含まれる．以下の規定では，不確かさ成分を標準偏差に変換する方法を説明する．

8.1.2. 不確かさ成分が，繰返し測定の分散から実験的に評価される場合，それは直ちに標準偏差として表すことができる．一回測定の不確かさ寄与に対し，標準不確かさは単純に観察される標準偏差であり，平均された結果に対しては，<u>平均の標準偏差</u>が使われる[B.21]．

8.1.3. 不確かさの推定が，それ以前に測定された結果およびデータから導かれる場合，それはすでに標準偏差として表されているかもしれない．しかし，信頼区間が信頼水準 p% で ±a で与えられている場合，その値 a を標準偏差の計算に与えられる信頼水準に対する正規分布の適正なパーセント点 (percentage point) で割って求める．

例：
　天秤の仕様として，その読み取り値は 95% 信頼水準で ±0.2 mg 以内，のように提示されている．正規分布におけるパーセント点の表から，95% 信頼水準 1.96 の値を用いて計算する．この数値を使用し，標準不確かさ (0.2/1.96 ≈ 0.1) を得る．

8.1.4. もし，信頼水準がなく，±a の範囲が与えられ，そして極値 (extream

value)が存在する可能性があると予期する理由がある場合，通常矩形分布と仮定し，標準偏差は $a/\sqrt{3}$ とするのが適切である(付録 E 参照)．

例：

A 級の 10 mL メスフラスコは，±0.2 mL 以内が保証されている．この標準不確かさは，$0.2/\sqrt{3} \approx 0.12$ mL である．

8.1.5. もし，信頼水準が示されないで ±a の範囲が与えられ，しかし極値がありそうもないと予期する理由がある場合，通常三角分布を仮定し，標準偏差 $a/\sqrt{6}$ とするのが適切である(付録 E 参照)．

例：

A 級の 10 mL メスフラスコは，±0.2 mL 以内が保証されているが，ルーチンのインハウスチェックでは極値が稀であることを示している．この場合，標準不確かさは $0.2/\sqrt{6} \approx 0.08$ mL である．

8.1.6. 判断に基づいて不確かさが推定される場合，その成分を直接標準偏差として推定することができる．もしそれができない場合，単純なミスを排除しながら，実際には合理的に起こりうる最大偏差を推定値とするべきである．もし，より小さな値である可能性がかなり高いと考えられるなら，三角分布の分類として扱って推定する．もし，小さな誤差のほうが大きな誤差よりも可能性があると信じる根拠がないのならば，矩形分布特性として扱って推定する．

8.1.7. 最もよく使われる分布関数の変換係数を付録 E.1. に示す．

8.2. 合成標準不確かさ

8.2.1. 個々の成分，あるいはグループの不確かさを標準不確かさで表したら，次は以下に示す操作の一つを使用して，合成標準不確かさを計算する．

8.2.2. 値 y の合成標準不確かさ $u_c(y)$ と，それを左右する独立パラメータ x_1, $x_2, \cdots, x_n$ の一般的な関係は，次式で表される．

8.2. 合成標準不確かさ   51

$$u_c(y(x_1, x_2, \cdots)) = \sqrt{\sum_{i=1,n} c_i^2 u(x_i)^2} = \sqrt{\sum_{i=1,n} c(y, x_i)^2}$$

ここで，$y(x_1, x_2,\ldots)$はいくつかのパラメータ x_1, x_2 …の関数，c_i は x_i に関する y の偏微分 $c_i = \partial y / \partial x_i$，として評価される感度係数，そして $u(y, x_i)$*1は x_i の不確かさから生じる y の不確かさを表す．各変数の寄与 $u(y, x_i)$ は，ちょうど関連する感度係数の二乗を乗じた標準偏差で表された連合する不確かさの二乗である．それらの感度係数は，パラメータ x_1, x_2 等の変化によって y の値がどのように変わるかを表す．

注記：感度係数は，実験によっても直接評価することができる．これは，存在する関係について，信頼できる数学的記述がない場合，特に有効である．

8.2.3. 変数が独立でない場合，その関係はさらに複雑である．

$$u(y(x_{i,j\cdots})) = \sqrt{\sum_{i=1,n} c_i^2 u(x_i)^2 + \sum_{i,k=1,n} c_i c_k \cdot u(x_i, x_k)}$$

ここで，$u(x_i, x_k)$ は x_i と x_k 間の共分散，c_i と c_k は 8.2.2 項で述べて評価した感度係数である．共分散は相関係数 r_{ik} と次式の関係になる．

$$u(x_i, x_k) = u(x_i) \cdot u(x_k) \cdot r_{ik}$$

ここで，$-1 \le r_{ik} \le 1$ である．

8.2.4. それらの一般的手順は，不確かさが単一パラメータに，またはグループ化したパラメータに，あるいは方法全体に関係しても適用される．しかし，不確かさの寄与が全体の操作に関係している時，通常，不確かさは最終結果に対する影響として表される．そのような場合，あるいはパラメータの不確かさが y それ自身の影響の項で直接表される時，感度係数 $\partial y / \partial x_i$ は 1.0 に等しい．

  例：
  　分析結果は 22 mg L^{-1} で，その測定された標準偏差は 4.1 mg L^{-1} であった．そのような条件下の精度に付随する標準不確かさ $u(y)$ は，4.1 mg L^{-1} である．潜在する測定モデルを簡単にするため，他の係数を無視して以下のように表す．

$$y = (計算された結果) + \varepsilon$$

ここで，ε は測定条件下におけるランダム変動(random variation)の効果を表す．したがって $\partial y / \partial \varepsilon$ は 1.0 である．

---

*1　原著脚注：ISO ガイドでは，$u(y, x_i)$ に代えて，より短い $u_1(y)$ が用いられている．

8.2.5. 上記の場合を除き，感度係数が1に等しい時，以下のルール1とルール2で与えられる特別な場合に対し，一般的な手順は偏微分を要求するか，あるいは代わりの数値法を用いなければならない．付録 E には，Kragten[H.22]によって提案された数値法の詳細を示す．それは，表計算ソフトウェアを利用し，既知の計算モデルと入力された標準不確かさによって合成標準不確かさを効率よく求めるものである．付録 E には，もう一つの計算法であるモンテカルロ・シミュレーションも示す．これらの計算やその他のコンピュータを使用する方法は，あらゆるケースに用いることが推奨される．

8.2.6. 場合によって，不確かさの合成式はもっと簡単な形に縮小される．標準不確かさを合成するための二つの簡単なルールを以下に示す．

ルール 1

量の合計，あるいは差だけが含まれるモデルに対し，例えば，$y = (p + q + r + \cdots)$ の場合，合成標準不確かさ $u_c(y)$ は次式によって与えられる．

$$u_c(y(p, q, \cdots)) = \sqrt{u(p)^2 + u(q)^2 + \cdots}$$

ルール 2

積または商しか含まないモデルに対し，例えば $y = (p \times q \times r \times \cdots)$ または $y = p/(q \times r \times \cdots)$ の場合，合成標準不確かさ $u_c(y)$ は次式によって与えられる．

$$u_c(y) = y\sqrt{\left(\frac{u(p)}{p}\right)^2 + \left(\frac{u(q)}{q}\right)^2 + \cdots}$$

ここで，$(u(p)/p)$ 等は相対標準偏差で表されたパラメータの不確かさである．

注記：減算は加算と同じ方法，そして割算は掛算と同じ方法で処理される．

8.2.7. 不確かさ成分を合成するには，オリジナルの数式モデルを上記ルールの一つを適用する操作だけからなる式に分解するのが最も便利である．例えば，以下の式

$$(o + p) / (q + r)$$

は，二つの要素 $(o + p)$ と $(q + r)$ に分解される．暫定的に各々の不確かさを上記のルール1を使用して計算し，その後それらの暫定的な不確かさを，ルール2によって合成不確かさにする．

8.2.8. 以下に，上記ルールの適用例を説明する．

例1：

$y = (p - q + r)$ で，$p = 5.02$, $q = 6.45$, $r = 9.04$ であり，それらの標準不確かさは $u(p) = 0.13$, $u(q) = 0.05$, $u(r) = 0.22$ である．

$$y = 5.02 - 6.45 + 9.04 = 7.61$$

$$u(y) = \sqrt{0.13^2 + 0.05^2 + 0.22^2} = 0.26$$

例2：

$y = (op/qr)$ で，$o = 2.46$, $p = 4.32$, $q = 6.38$, $r = 2.99$ であり，それらの標準不確かさは $u(o) = 0.02$, $u(p) = 0.13$, $u(q) = 0.11$, $u(r) = 0.07$ である．

$$y = (2.46 \times 4.32)/(6.38 \times 2.99) = 0.56$$

$$(u) = 0.56 \times \sqrt{\left(\frac{0.02}{2.46}\right)^2 + \left(\frac{0.13}{4.32}\right)^2 + \left(\frac{0.11}{6.38}\right)^2 + \left(\frac{0.07}{2.99}\right)^2}$$

$$\Rightarrow \quad u(x) = 0.56 \times 0.043 = 0.04$$

8.2.9. 分析種の濃度レベルによって，不確かさ成分の大きさが変化する様々な例がある．例えば，回収率の不確かさは高濃度レベルの物質ではより小さくなり，あるいは分光学的信号は大体その強度に比例して目盛上をランダムに変化する（一定の変動係数）．そのような場合，分析種の濃度レベルによる合成標準不確かさ変化を考慮することが重要である．その方法には以下に示す方法がある．

・特定操作を制限するか，あるいは小さな範囲の分析種濃度に対して不確かさを推定する．
・相対標準偏差の形で不確かさ推定値を与える．
・与えられた結果に対し，依存性を明確に計算し，そして不確かさを再計算する．

付録E.5には，それらのアプローチの追加情報を示す．

8.3. 拡張不確かさ (expanded uncertainty)

8.3.1. 拡張不確かさを求める最終段階は，合成標準不確かさに，選択された包含係数を掛けることである．拡張不確かさは，測定量に合理的に帰属する値の分布の大きな割合を包含すると予想される区間を与えるために必要になる．

8.3.2. 包含係数 k の選択において考えなければならない，いくつかの問題を以下に示す．
・要求される信頼水準
・潜在する分布情報
・偶然効果の推定に使われた数値情報（次の8.3.3項参照）

8.3.3. 多くの目的に対し，k を2に設定することが推奨されている．しかし，合成不確かさが比較的に小さな自由度（約6以下）の統計学的観察に基づいている場合，$k=2$ では不十分であろう．k の選択は，自由度の有効数に依存する．

8.3.4. 合成不確かさが自由度6以下で，単一の寄与によって支配される場合，包含係数 k は寄与に付随する自由度の数と要求される信頼水準（通常95％）に対するスチューデントの t 値の両側値に等しい値に設定することが推奨される．表8.1には，自由度に対するスチューデントの t 値を示す．

表 8.1 95％信頼水準（両側値）に対するスチューデントの t 値

自由度 ν	t
1	12.7
2	4.3
3	3.2
4	2.8
5	2.6
6	2.4
8	2.3
10	2.2
14	2.1
28	2.0

t 値は小数点第1位の桁に丸められている．中間の自由度 ν に対しては，低いほうの ν の値を使うか，他の表またはソフトウェアを参照する．

例：
　秤量操作の合成標準不確かさは，校正から生じる不確かさ $u_{\mathrm{cal}} = 0.01$ mg と

5回繰返し測定の標準偏差に基づく $s_{obs} = 0.08$ mg の寄与からなる．合成標準不確かさ u_c は，$\sqrt{0.01^2 + 0.08^2} = 0.081$ mg と等しい．これは，$5-1=4$ の自由度を与える5回測定の再現性 s_{obs} の寄与が明らかに大きいことを示している．k はスチューデントの t 値に基づいて選ばれる．表8.1より，自由度4に対する t 値の信頼水準95%の両側値は2.8であり，それによって k は2.8に設定され，拡張不確かさは $U = 2.8 \times 0.081 = 0.23$ mg になる．

8.3.5. ISO ガイド [H.2] には，大きな偶然効果を推定するために少数回の測定が使われる場合の k の選択に関する追加説明がある．数個の寄与が重大な場合における自由度の推定を行う際に参照するべきである．

8.3.6. 正規分布が考えられる場合，値の分布の約95%が含まれる範囲の包含係数は2（または8.3.3～8.3.5項に従い，95%信頼水準を使用して選ばれる）が与えられる．分布の情報がない場合は，95%信頼水準を使用することは推奨されない．

9 不確かさの報告

9.1. 概　要

9.1.1. 測定結果の報告に必要な情報は，その使用目的に依存する．測定結果の報告の原則を以下に示す．
・もし新しい情報またはデータが得られたら，その結果の再評価が可能なように十分な情報を提示する．
・情報は，少なすぎるより多すぎることによる過ちのほうが望ましい．

9.1.2. 不確かさをどのようにして求めたかを含む測定の詳細が，公表された文献の引用による時は，手元の文献は常に最新のものにし，使用した方法に合致するものであることが必須である．

9.2. 必　要　な　情　報

9.2.1. 測定結果を完全な報告書にするには，以下に示す内容を含めるか，あるいはそれらを含む文献を引用する．
・実験的観測と入力データから得られた測定結果および不確かさの計算に使われた方法の記述
・計算と不確かさ解析の両方に使用した全ての補正と定数の情報源とそれらの値
・不確かさの全ての成分がどのようにして評価されたかを示す十分な書類，およびそれらの不確かさ成分の一覧表

9　不確かさの報告

9.2.2. データと解析は，重要なステップを容易に追跡することができ，必要に応じて結果を導くための計算を繰り返すことができるように示す．

9.2.3. 中間の入力値を含む詳細報告書が要求される場合，報告書には以下の記述が必要である．
・各入力値の数値とその標準不確かさ，そして各入力値がどのようにして得られたか
・相関効果を見積もるために使った結果と入力値間の関係，偏導関数（partial derivative），共分散または相関係数
・各入力値の標準不確かさに対して推定される自由度の大きさ（自由度の大きさを推定する方法は，ISO ガイド[H.2]にある）

注記：関数がきわめて複雑であるか，または明らかに存在しない（例えば，それはコンピュータ・プログラムとしてのみ存在している）ような場合，その関係を一般項に記述するか，あるいは適当な文献の引用によって示す．そのような場合，結果とその不確かさがどのようにして得られたかを，明確に示す必要がある．

9.2.4. ルーチン分析の結果報告では，拡張不確かさの値と包含係数 k の記述だけで十分である．

9.3. 標準不確かさの報告

9.3.1. 不確かさを合成標準不確かさ u_c（1 標準偏差）で表す時，以下の形式が推奨される．

「結果：x（単位）[と]標準不確かさ u_c（単位）[標準不確かさは，ISO/IEC の測定における不確かさ表示に関するガイドの定義で，1 標準偏差に相当する]」

備考：± の記号を付けるのは，信頼水準が高い場合であるので，標準不確かさに ± の記号を使用するのは避けたほうがよい．
[　]内の記述は必要に応じて省略するか，簡潔にしてもよい．

例：

全窒素：3.52 g/100 g

標準不確かさ：0.07 g/100 g*　　＊標準不確かさは 1 標準偏差に相当する．

9.4. 拡張不確かさの報告

9.4.1. 特に要求がない限り,結果 x は包含係数 $k=2$ を使用して計算された拡張不確かさ U と一緒に提示しなければならない(8.3.3項参照).それには次に示す形式が推奨される.

「(結果):$(x \pm U)$(単位),[ここで]報告された不確かさは,包含係数2[信頼水準約95％]を使用し,[計量計測学における基礎および一般的国際用語 (International Vocabulary of Basic and General terms in Metrology),第2版,ISO 1993年,によって定義された拡張不確かさである]」

[ ]内の表現は,必要に応じて省略するか,あるいは適当に短縮する.もちろん,包含係数は実際に使われた値を示す.

例:

全窒素:(3.52 ± 0.14) g/100 g*

* 報告された不確かさは,約95％の信頼水準を与える包含係数2を使用して計算された拡張不確かさである.

9.5. 結果の数値表現

9.5.1. 結果の数値とその不確かさを,過剰な桁数で与えてはいけない.拡張不確かさ U あるいは標準不確かさ u であろうと,有効数字を2桁以上にする必要はない.測定結果は,与えられた不確かさと矛盾がないように丸める.

9.6. 非対称な信頼区間

9.6.1. いくつかの状況において,特に結果がゼロ付近の不確かさ(付録F)に関連し,またはモンテカルロ・シミュレーション(付録E.3)の結果に付随する分布は,かなり非対称である.このような場合,不確かさに対して単一の値を付けるのは適切でない.その代わり,推定される包含区間の限界が与えられるべきである.もし,結果とその不確かさをさらに計算に使用するなら,標準不確かさも示す.

例：
質量分率で表された純度は，次のように報告できる．
純度：0.995，標準不確かさ 0.005 と自由度 11 に基づく約 95 %信頼区間は，0.983～1.000．

9.7. 規制への適合性（compliance against limits）

9.7.1. 法規制への適合性では，しばしば有害物質濃度のような測定量が，特定の規制値以内の値を示すことが要求される．このような状況において，測定不確かさは，明らかに分析結果の解釈に関係する．特に：
・分析結果の不確かさは，規制の適合性を評価する時に考慮する必要がある．
・規制値は，測定不確かさに対して許容範囲をもって設定されている．
あらゆる評価において，上記両方の要素を考慮しなければならない．

9.7.2. 規制の適合性を評価する時，不確かさをどのように考慮するかの詳細な指針は，EURACHEM Guide「コンプライアンス評価における不確かさ情報の使用」[H.24]である．以下の項では文献[H.24]の原則を要約する．

9.7.3. 試験項目が許容されるかどうかを決定するための基本要件は：
・管理される特性（測定量）の，許容される上限および/または下限を示す仕様明細
・その仕様と測定結果に従って結果を許容するか，あるいは棄却するかに関し，測定不確かさをどのように考慮するかを記述した判定ルール
・測定結果が適切な範囲に収まったとき，許容するか，あるいは棄却するかの判定ルールから導かれる受諾または棄却の決定領域の限界（すなわち，結果の範囲）

例：
現在広く使われている判定ルールでは，測定値プラス拡張不確かさが限界を超えれば，結果は上限値（規制値）に不適合である．この判定ルールに従えば，図 9.1 中唯一 (i) のみが違反を意味する．同様に，もし拡張不確かさを含めた限

界よりも低い場合にだけ結果は適合とみなされる，というルールに対しては，図中(iv)だけが適合となる．

9.7.4. 一般的に，判定ルールはもっと複雑である．さらなる考察は文献[H24]を参照されたい．

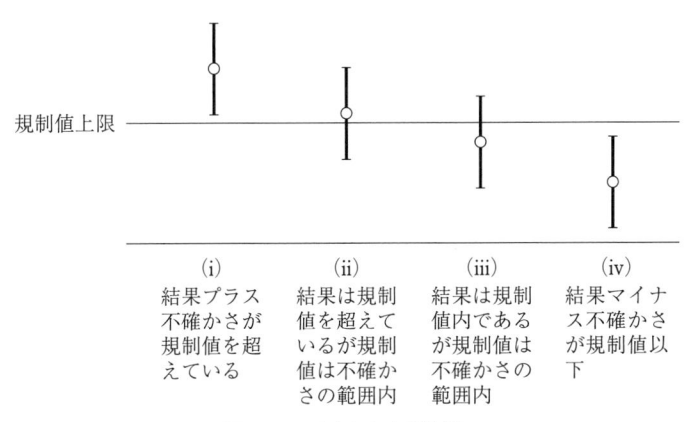

| | (i) | (ii) | (iii) | (iv) |
| | 結果プラス不確かさが規制値を超えている | 結果は規制値を超えているが規制値は不確かさの範囲内 | 結果は規制値内であるが規制値は不確かさの範囲内 | 結果マイナス不確かさが規制値以下 |

図 9.1 不確かさと規制値

付録 A. 不確かさの評価例

まえがき

　以下に示す例では，5～7章で述べた不確かさの評価法を，代表的ないくつかの化学分析にどのように適用するかを説明する．各分析において，図1に示したフローチャートの全ての手順が実施される．不確かさ要因が特定されたら，それらは特性要因図(付録 D 参照)で示す．特性要因図は要因の二重集計を防ぎ，合成された影響を評価できるよう，いくつかの成分グループに分けるのに便利である．例 A1～A6 では，計算によって得られる不確かさへの寄与 $u(y, x_i)$ [*1]から，合成不確かさを計算するための表計算法(付録 E.2)も説明する.

　例 A1～A6 の各例には導入のための要約を付けた．そこでは，分析法の概要，不確かさ要因とその寄与の表，特性要因図による種々の寄与の比較，そして合成標準不確かさを示している．

　例 A1～A3 と A5 は，各要因から生じる不確かさを定量によって評価する方法を解説する．各例では容量分析のガラス器具を使用する体積測定，そして試料と風袋の秤量を別々に行う質量測定に付随する不確かさの詳細解析を示す．これらの詳細解析は不確かさ推定の解説を目的とするもので，ここに示す解析を必要な詳細さ，またはアプローチの仕方の推奨レベルであるとは受け取らないでほしい．多くの分析では，それらの操作に付随する不確かさは大きくないので，そのような詳細評価は必要がないだろう．例に挙げた質量と体積の値は，代表的な値として実際に十分使用できる．

[*1] 原著脚注：8.2.2項に，計算によって得られる不確かさ寄与 $u(y, x_i)$ の背後にある理論を説明している．

付録 A. 不確かさの評価例

例 A1

原子吸光分析(AAS)のための検量線作成用カドミウム標準溶液の調製で，非常に単純なケースの詳細解析を説明する．この例の目的は，体積測定と秤量の基本操作から生じる不確かさ成分をどのように評価するか，そしてそれらの成分から全不確かさを求めるために，どのように合成するかを示す．

例 A2

水酸化ナトリウム(NaOH)水溶液の調製と，滴定用標準フタル酸水素カリウム(KHP)による標定を詳細に取り扱う．ここでは，例 A1 で述べたような単純な体積測定と秤量の不確かさだけでなく，滴定法に付随する不確かさ評価を説明する．

例 A3

例 A2 で調製した NaOH 水溶液による HCl の滴定における，不確かさを評価する．

例 A4

7.7 節で述べた，インハウス妥当性確認試験データの使用を説明する．ここでは，多数の要因が組み合わさった影響から生じる不確かさを評価するため，試験データがどのように使われるかを示す．また，分析法のかたよりに付随する不確かさをどのように評価するかも示す．

例 A5

7.2〜7.9 節で述べた，規定された操作を使用して陶磁器から溶出する重金属量を測定するための，標準を用いる「条件規定」分析法による結果の不確かさをどのように評価するかを示す．本例の目的は共同実験データ，または堅牢性試験結果がない時，分析方法の定義の中で許容されるパラメータの範囲(例えば，温度，エッチング時間と酸強度)から生ずる不確かさを，どのように考慮するかを示すことである．このプロセスは，次の例で示すように共同実験データが得られる場合，かなり簡単になる．

例 A6

家畜飼料中の粗繊維の定量における不確かさの評価を説明する．分析種はその標準法に関してだけ規定されているため，この方法は条件規定分析法である．この例は，共同実験データ，インハウス QA チェック，そして文献検索データが得られる場合で，7.6 節で述べた方法が可能になる．インハウス試験では，分析法が共同実験に基づいて，予測どおり機能することを検証する．この例では，インハウス分析法の性能チェックによって支えられた共同実験データの使用が，そのような状況下において不確かさ推定値を求めるのに必要な種々の寄与する数をどれだけ大きく減らすことができるかを示す．

例 A7

同位体希釈質量分析(IDMS)による，水試料中の鉛の濃度測定における不確かさ評価を詳細に説明する．この例では，可能性がある不確かさ要因の特定と統計学的方法による不確かさの定量に加え，7.15 節で述べた，判断に基づいた不確かさ成分の評価を含めることがいかに必要であるかを示す．判断に基づく不確かさの評価方法は，ISO ガイド[H.2]で述べるタイプ B 評価の特別例である．

例A1：検量線作成用標準溶液の調製

要　約

目　標

高純度金属（カドミウム）から，濃度が約 1000 mg L^{-1} の検量線作成用標準溶液を調製する．

測定手順

酸化物による表面汚染を取り除くため，高純度金属表面を酸で洗浄する．金属を秤量後，メスフラスコ中で硝酸によって溶解する．操作のフローチャートを図A1.1に示す．

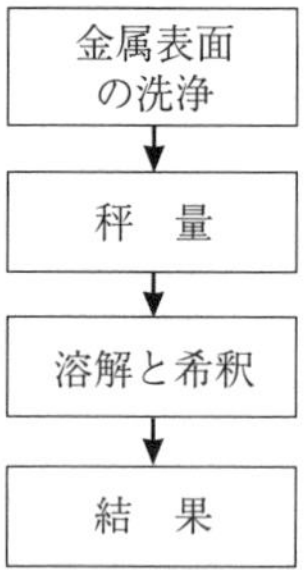

測定量

$$C_{Cd} = \frac{1000 \cdot m \cdot P}{V} \quad [\text{mg L}^{-1}]$$

ここで，

- C_{Cd} ：標準溶液の濃度 [mg L^{-1}]，
- 1000 ：[mL] から [L] への換算係数，
- m ：高純度金属の質量 [mg]，
- P ：質量分率で表した純度，
- V ：標準溶液の体積 [mL]，である．

図 A1.1 カドミウム標準溶液の調製手順

不確かさ要因の同定

関連する不確かさ要因を，図A1.2の特性要因図に示す．

不確かさ要因の定量

パラメータ値とその不確かさの値を以下の表A1.1に示す．

例 A1：検量線作成用標準溶液の調製   67

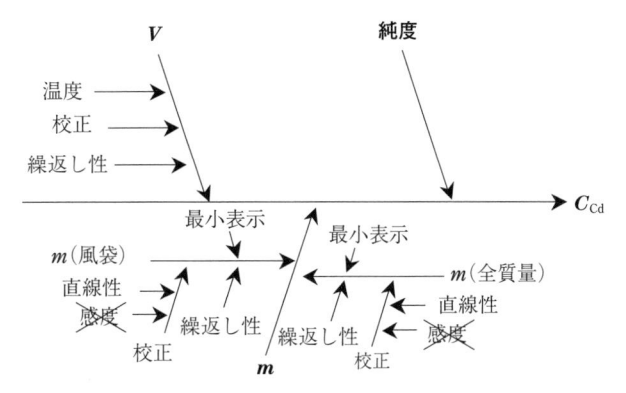

図 A1.2 カドミウム標準溶液調製の特性要因図

表 A1.1 パラメータ値と不確かさ

記号	パラメータ	値	標準不確かさ	相対標準不確かさ $u(x)/x$
P	金属の純度	0.9999	0.000 058	0.000 058
m	金属の質量	100.28 mg	0.05 mg	0.0005
V	フラスコの容積	100.0 mL	0.07 mL	0.0007
C_{Cd}	標準溶液の濃度	1002.7 mg L^{-1}	0.9 mg L^{-1}	0.0009

合成標準不確かさ

カドミウム濃度 1002.7 mg L^{-1} の検量線作成用標準溶液の調製における，合成標準不確かさは 0.9 mg L^{-1} である．

各要因の不確かさへの寄与を図 A1.3 に示す．

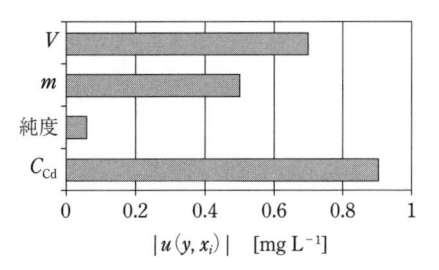

$u(y, x_i) = (\partial y/\partial x) \cdot u(x_i)$ の値は表 A1.3 からとった．

図 A1.3 カドミウム標準溶液の調製における不確かさの寄与

例A1：検量線作成用標準溶液の調製

詳 細 検 討

A1.1 まえがき

最初の入門例として，高純度金属から原子吸光分析（AAS）の検量線作成用標準溶液（この例では約 1000 mg L^{-1} カドミウム希硝酸溶液）の調製を説明する．この例は，分析測定の全体を代表するものではないが，参照標準を必要とする比較測定によるルーチン分析では，SI 単位へのトレーサビリティを確立するため，標準溶液を日常的に使う．

A1.2 ステップ1：測定量の明細

最初のステップは，測定量が何であるかの明細を書き留めることである．この明細には，検量線作成用標準溶液調製の記述，測定量とそれに関係するパラメータ間の数学的関係が含まれる．

測定手順

標準溶液をどのようにして調製するかについての明確な情報は，標準操作手順（SOP）に記述する．標準溶液の調製操作を図 A1.4 に示す．調製操作の各ステップは，以下のとおりである．

ⅰ）高純度金属表面の酸化物による汚染を取り除くため，混酸で処理する．金属メーカーから提供される保証書に記載された純度を得るため，表面洗浄が必要である．

ⅱ）表面の酸化物を取り除いた金属をメスフラスコ（100 mL）に入れ，その質量と，空のメスフラスコの風袋質量を測定する．天秤は，最小表示が 0.01 mg のものを使用する．

ⅲ）カドミウム約 100 mg を正確に秤取し，硝酸（65 g/100 g）1 mL とイオン交換水 3 mL をフラスコに加え，試料を溶解する．最終的にイオン交換水をフラスコの標線まで加え，フラスコを少なくとも 30 回反転させ，よく混合する．

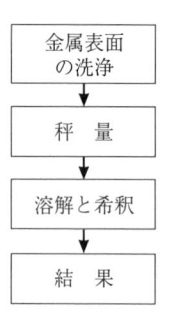

図 A1.4 カドミウム標準溶液の調製手順

金属表面の洗浄 → 秤量 → 溶解と希釈 → 結果

計　算

この例の測定量は標準溶液の金属濃度で，高純度金属(Cd)の秤量値と，その純度，溶解する液体の体積に依存する．標準溶液中の金属(Cd)濃度は次式によって与えられる．

$$C_{Cd} = \frac{1000 \cdot m \cdot P}{V} \quad [\text{mg L}^{-1}]$$

ここで，

C_{Cd} ：標準溶液の金属(Cd)濃度[mg L^{-1}]，
1000：[mL]から[L]への換算係数，
m　：高純度金属の質量[mg]，
P　：質量分率で表した純度，
V　：標準溶液の体積[mL]，である．

A1.3　ステップ2：不確かさ要因の同定と分析

第2ステップの目的は，測定量に影響する各パラメータの不確かさ要因リストを作成することである．

純度　P

金属(Cd)の純度は，メーカーの保証書に(99.99±0.01％)と記載されている．したがって，Pは 0.9999±0.0001 である．しかし，この値は高純度金属の表面洗浄の有効性に依存する．もし，メーカーの指示に厳密に従って操作すれば，保証書に記載された値に，さらに金属酸化物の表面汚染の補正をする必要はない．

質量　m

標準溶液調製の第2段階は，高純度金属の秤量である．ここでは，1000 mg L^{-1}のカドミウム溶液100 mLを調製する．風袋を差し引いたカドミウムの質量は 0.100 28 g である．

メーカーの資料によると，風袋差し引きには次の三つの不確かさ要因が特定されている：① 繰返し性(併行精度)，② 天秤目盛の最小表示(readability)(デジタル分解能)，③ 目盛校正機能の不確かさ寄与．この目盛校正機能の不確かさ要因には，天秤の感度とその直線性の二つが考えられる．同じ天秤を使用し，測定される試料の質量差は非常に狭い範囲なので，天秤の感度は無視できる．

注記：空気中での秤量[H.33]では，全ての秤量結果が，通常のかたよりをもって測定され

70   付録A. 不確かさの評価例

るので，浮力補正は考慮せず，カドミウムと鋼製分銅の密度はほぼ等しいとする．付録Gの注記1を参照のこと．残された不確かさは小さく，考慮するまでもない．

体積 V

メスフラスコによって調製される溶液の体積は，次に示す不確かさの3主要因に従う．
・フラスコの保証された内容積の不確かさ
・フラスコ目盛への標線合わせの変動
・フラスコおよび水溶液温度と，フラスコの容積が校正された時の温度差

種々の効果とそれらの影響を図 A1.5 の特性要因図(付録 D の記述を参照のこと)に示す．

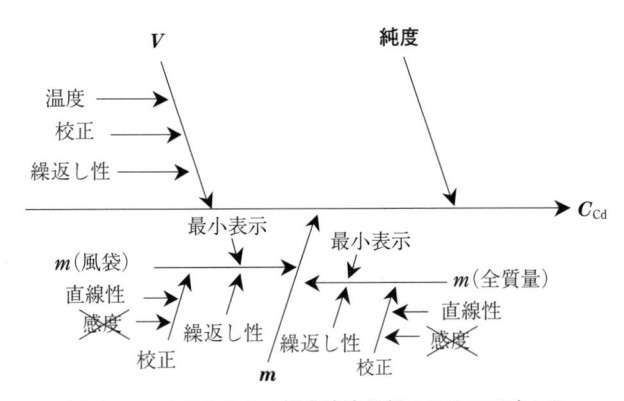

図 A1.5 カドミウムの標準溶液調製における不確かさ

A1.4 ステップ3：不確かさ成分の定量

本ステップでは，特定された可能性がある各不確かさ要因の大きさを，ⅰ）直接測定する，ⅱ）事前に行われた実験結果から推定する，ⅲ）理論分析から誘導する，のいずれかの方法によって求める．

純度

カドミウムの純度は，保証書に 0.9999 ± 0.0001 と記載されている．不確かさの値についてはそれ以上の情報がないため，これを矩形分布と仮定する．標準不確かさ $u(P)$ は，0.0001 の値を $\sqrt{3}$ で割って求める(付録 E1.1 参照)．

例A1：検量線作成用標準溶液の調製　　　71

$$u(p) = \frac{0.0001}{\sqrt{3}} = 0.000\,058$$

質量　m

　カドミウム質量の不確かさは，天秤の校正証明書とメーカーの不確かさ推定の推奨情報から，0.05 mg と推定する．この推定には A1.3 節で特定された三つの不確かさ要因の寄与が考慮される．

注記：質量の不確かさに関する詳細計算は非常に複雑であるので，質量の不確かさが重大な場合，メーカーの資料を参考することが大事である．この例では，わかりやすくするため，計算を省略した．

体積　V

　体積は，校正，繰返し性（併行精度），温度の三つの主な影響をもつ．

ⅰ）**校正**：メーカーは，20℃におけるメスフラスコの容積を 100±0.1 mL と値づけしている．不確かさの値が，信頼水準あるいは分布情報なしに与えられているため，仮定が必要になる．ここでは，標準不確かさを三角分布と仮定して計算する．

$$\frac{0.1 \text{ mL}}{\sqrt{6}} = 0.04 \text{ mL}$$

注記：実際の製造プロセスにおいて，公称値は極値（extreme）よりも可能性が高いので，三角分布が選ばれた．結果的にこの要因の分布は，矩形分布よりも三角分布のほうがよく合っている．

ⅱ）**繰返し性（併行精度）**：標線合わせの変動による不確かさは，試験と同じ規格のフラスコを使った繰返し実験によって推定することができる．一連の 100 mL フラスコ 10 個に水を満たして秤量した結果，その標準偏差は 0.02 mL であった．この値は標準不確かさとして直接使うことができる．

ⅲ）**温度**：メーカーによると，フラスコは 20℃で校正されているが，実験室の温度は ±4℃の範囲内で変動する．この温度差の影響による不確かさは，温度範囲の推定と容積の膨張係数から計算することができる．液体の体積膨張はフラスコの体積膨張よりもかなり大きいので，液体だけを考慮すればよい．水の体積膨張係数は 2.1×10^{-4} ℃$^{-1}$ で，その体積膨張は次のようになる．

$$\pm (100 \times 4 \times 2.1 \times 10^{-4}) = \pm 0.084 \text{ mL}$$

標準不確かさは，温度変化に対して矩形分布を仮定して計算する．つまり，

$$\frac{0.084 \text{ mL}}{\sqrt{3}} = 0.05 \text{ mL}, \text{ となる．}$$

$u(V)$ を得るため，上記三つの寄与を体積 V の標準不確かさに合成する．

$$u(V) = \sqrt{0.04^2 + 0.02^2 + 0.05^2} = 0.07 \text{ mL}$$

A1.5　ステップ4：合成標準不確かさの計算

カドミウム濃度 C_{Cd} は，次式によって得られる．

$$C_{\mathrm{Cd}} = \frac{1000 \cdot m \cdot P}{V} \quad [\mathrm{mg\ L^{-1}}]$$

式中のパラメータ値とそれらの標準不確かさ，および相対標準偏差を表 A1.2 に示す．

表 A1.2　各要因の値と不確かさ

パラメータ	値 x	$u(x)$	$u(x)/x$
金属の純度 P	0.9999	0.000 058	0.000 058
金属の質量 m [mg]	100.28	0.05 mg	0.0005
フラスコの容積 V [mL]	100.0	0.07 mL	0.0007

これらの値を使用し，校正用標準溶液の濃度を計算すると，次のようになる．

$$C_{\mathrm{Cd}} = \frac{1000 \times 100.28 \times 0.9999}{100.0} = 1002.7 \text{ mg L}^{-1}$$

この単純な乗算式に対し，各成分に付随する不確かさは次のように合成される．

$$\frac{u_{\mathrm{c}}(C_{\mathrm{Cd}})}{C_{\mathrm{Cd}}} = \sqrt{\left(\frac{u(P)}{P}\right)^2 + \left(\frac{u(m)}{m}\right)^2 + \left(\frac{u(V)}{V}\right)^2}$$

$$= \sqrt{0.000\,058^2 + 0.0005^2 + 0.0007^2} = 0.0009$$

$$u_{\mathrm{c}}(C_{\mathrm{Cd}}) = C_{\mathrm{Cd}} \times 0.0009 = 1002.7 \text{ mg L}^{-1} \times 0.0009 = 0.9 \text{ mg L}^{-1}$$

表計算法は複雑な式に対しても簡単に適用できるため，付録 E に示す表計算法によって合成不確かさ ($u_{\mathrm{c}}(C_{\mathrm{Cd}})$) を求める．得られたスプレッドシートを表 A1.3 に示す．パラメータ値を C2 から E2 の行に入力する．それらの標準不確かさを (C3–E3) に示す．スプレッドシートの C2–E2 の値を別の列 B5–B7 にコ

ピーする．それらの値によるカドミウム濃度の計算結果(C_{Cd})を B9 に与える．C5 は，C2 に C3 の不確かさを加えた P 値を示す．C5 – C7 の値を使用したカドミウム濃度の計算結果を C9 に与える．列 D と E も同じ操作をする．10 行目(C10 – E10)に示す値は，行(C9 – E9)から B9 の値を差し引いた差である．行(C11 – E11)は，行 10(C10 – E10)の値を二乗した値で，B11 はそれらの合計である．B13 は，B11 の平方根で，合成標準不確かさを表す．

表 A1.3 スプレッドシートによる不確かさの計算

	A	B	C	D	E
1			P	m	V
2		値	0.9999	100.28	100.00
3		不確かさ	0.000 058	0.05	0.07
4					
5	P	0.9999	0.999 958	0.9999	0.9999
6	m	100.28	100.28	100.33	100.28
7	V	100.0	100.00	100.00	100.07
8					
9	C_{Cd}	1002.699 72	1002.757 88	1003.199 66	1001.998 32
10	$u(y, x_i)$ *		0.058 16	0.499 95	$-0.701 40$
11	$u(y)^2, u(y, x_i)^2$	0.745 29	0.003 38	0.249 95	0.491 96
12					
13	$u_c(C_{Cd})$	0.9			

＊差の符号が残る．

種々のパラメータによる寄与の大きさを図 A1.6 に示す．フラスコの容積不確かさの寄与が最も大きく，そして秤量操作も同じくらいの大きさである．カドミウムの純度の不確かさは，全体の不確かさに実質上影響しない．

拡張不確かさ $U(C_{Cd})$ は，合成不確かさに包含係数 2 を掛けて求める．

$$U(C_{Cd}) = 2 \times 0.9 \text{ mg L}^{-1} = 1.8 \text{ mg L}^{-1}$$

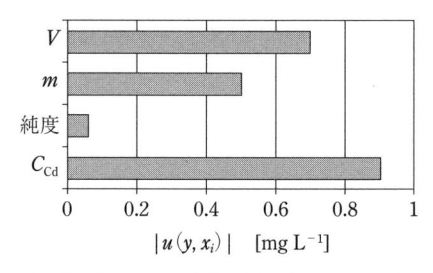

[バーチャート: V, m, 純度, C_{Cd} に対する $|u(y, x_i)|$ [mg L^{-1}]、横軸 0〜1]

$u(y, x_i) = (\partial y/\partial x) \cdot u(x_i)$ の値は表 A1.3 からとった.

図 A1.6 カドミウム標準溶液の調製における不確かさの寄与

例 A2：水酸化ナトリウム水溶液の標定

要　約

目　標

水酸化ナトリウム(NaOH)水溶液を，滴定用標準のフタル酸水素カリウム(KHP)で標定する．

測定手順

滴定用標準 KHP を乾燥し，秤取する．NaOH 水溶液を調製後，KHP を溶解し，NaOH 水溶液で滴定する．操作法を図 A2.1 のフローチャートに示す．

測定量：

$$C_{NaOH} = \frac{1000 \cdot m_{KHP} \cdot P_{KHP}}{M_{KHP} \cdot V_T} \quad [\text{mol L}^{-1}]$$

ここで，

C_{NaOH} ：NaOH 水溶液の濃度[mol L^{-1}]，
1000 ：[mL]から[L]への換算係数，
m_{KHP} ：滴定標準 KHP の質量[g]，
P_{KHP} ：質量分率で表した KHP の純度，
M_{KHP} ：KHP の分子量[g mol^{-1}]，
V_T ：NaOH 水溶液の滴定量[mL]，である．

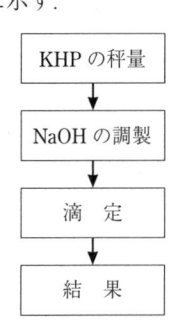

図 A2.1
水酸化ナトリウム水溶液の標定手順

不確かさ要因の同定：

関連する不確かさ要因を，図 A2.2 の特性要因図に示す．

不確かさ成分の定量

種々の要因の不確かさ寄与を表 A2.1 と図 A2.3 に示す．0.102 14 mol L^{-1} の NaOH 水溶液に対する合成標準不確かさは，0.000 10 mol L^{-1} である．

76　付録 A．不確かさの評価例

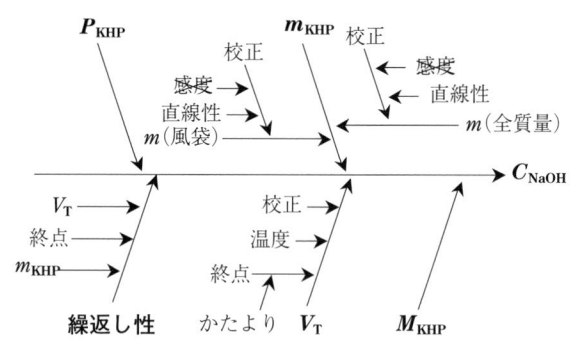

図 A2.2　NaOH 標定の特性要因図

表 A2.1　NaOH の標定における各パラメータ値と不確かさ

記号	パラメータ	値 x	標準不確かさ u	相対標準不確かさ $u(x)/x$
rep	繰返し性（併行精度）	1.0	0.0005	0.0005
m_{KHP}	KHP の質量	0.3888 g	0.00013 g	0.00033
P_{KHP}	KHP の純度	1.0	0.00029	0.00029
M_{KHP}	KHP の分子量	204.2212 g mol^{-1}	0.0038 g mol^{-1}	0.000019
V_T	KHP の滴定に要した NaOH の体積	18.64 mL	0.013 mL	0.0007
C_{NaOH}	NaOH 水溶液の濃度	0.10214 mol L^{-1}	0.00010 mol L^{-1}	0.00097

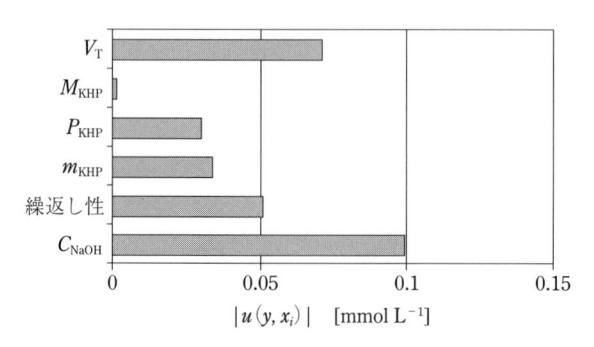

$u(y, x_i) = (\partial x/\partial y) \cdot u(x_i)$ の値は表 A2.3 からとった．

図 A2.3　NaOH の標定における不確かさ要因の寄与

例 A2：水酸化ナトリウム水溶液の標定
詳 細 検 討

A2.1 まえがき

ここでは，水酸化ナトリウム(NaOH)水溶液の濃度標定実験を考察する．NaOH 水溶液で滴定用標準のフタル酸水素カリウム(KHP)を滴定し，その濃度を標定する．NaOH 濃度は $0.1\,\mathrm{mol\,L^{-1}}$ のオーダーであると仮定する．滴定の終点は，pH 電極を使用する自動滴定装置によって測定される pH 曲線から決定する．滴定用標準フタル酸水素カリウム(KHP)の機能成分は，自由プロトン数(水素イオン)で，それと全分子数との関連で SI 単位へ NaOH 水溶液濃度のトレーサビリティを与える．

A2.2 ステップ 1：測定量の明細

最初のステップとして，測定操作を述べる．このステップで，測定操作のリストを作成し，測定量とそれに寄与するパラメータの数式表現を行う．

測定手順：

NaOH 水溶液標定操作フローを図 A2.4 に示す．各段階の操作を以下に示す．

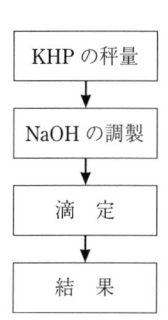

```
┌──────────────┐
│  KHP の秤量  │
└──────┬───────┘
       │
┌──────▼───────┐
│  NaOH の調製 │
└──────┬───────┘
       │
┌──────▼───────┐
│   滴   定    │
└──────┬───────┘
       │
┌──────▼───────┐
│   結   果    │
└──────────────┘
```

図 A2.4
水酸化ナトリウム水溶液の標定手順

ⅰ）一次標準フタル酸水素カリウム(KHP)を，メーカーの説明書に従って乾燥する．メーカーの説明書には証明書が付けられており，それには滴定標準の純度とその不確かさが記載されている．$0.1\,\mathrm{mol\,L^{-1}}$ の NaOH 溶液約 19 mL で KHP を滴定するとすれば，必要な KHP の質量は次式のようになる．

$$\frac{204.2212 \times 0.1 \times 19}{1000 \times 1.0} = 0.388\,\mathrm{g}$$

秤量には，少なくとも最小桁が 0.1 mg の天秤を使用する．

ⅱ）$0.1\,\mathrm{mol\,L^{-1}}$ の水酸化ナトリウム水溶液を調製する．1 リットル[L]の水溶

液を調製するには，約 4 g の NaOH を秤取する必要がある．しかし，NaOH 水溶液の濃度は第一次標準の KHP で標定されるので直接計算する必要はなく，分子量または NaOH の質量に関連する不確かさ情報も必要がない．

iii) 滴定標準 KHP は約 50 mL のイオン交換水で溶解し，その後 NaOH 水溶液で滴定する．自動滴定装置によって NaOH の滴下量を制御しながら滴定し，pH 曲線を記録する．記録された滴定曲線の形状から滴定の終点を決める．

計　算

測定量は NaOH 水溶液の濃度で，KHP の質量，純度，分子量，滴定終点における NaOH 水溶液の体積に依存する．

$$C_{NaOH} = \frac{1000 \cdot m_{KHP} \cdot P_{KHP}}{M_{KHP} \cdot V_T}$$

ここで，

C_{NaOH} ：NaOH 水溶液の濃度[mol L^{-1}]，
1000 ：[mL]から[L]への換算係数，
m_{KHP} ：滴定標準 KHP の質量[g]，
P_{KHP} ：質量分率で表した滴定標準の純度，
M_{KHP} ：KHP の分子量[g mol^{-1}]，
V_T ：NaOH 水溶液の滴定量[mL]，である．

A2.3　ステップ 2：不確かさ要因の同定と分析

本ステップの目的は，主な不確かさ要因を全て同定し，それらの測定量とその不確かさへの影響を理解することである．本ステップには，寄与する不確かさ要因の見落としとそれらの二重加算のリスクがあるため，分析測定の不確かさ評価で最も大変なステップである．特性要因図(付録 D)の使用は，これを防ぐ有効な方法である．図作成の最初のステップは，測定量の式に含まれる四つのパラメータを主枝[*1]として書き込むことである(図 A2.5)．

その後，方法の各ステップを考察し，主な要因に影響を与える因子として，図

[*1] 訳注：特性要因図は fishborne 図ともよばれ，魚の骨格を模倣したものであるので，「主骨」が相応しいかもしれないが，原著でも「main branche」としており，さらに図の形態からも「骨」よりも「枝」のほうがより相応しいので「主枝」とした．

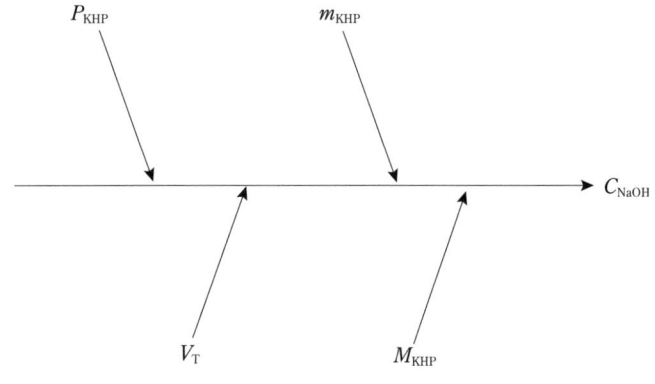

例 A2：水酸化ナトリウム水溶液の標定

図 A2.5　最初の特性要因図

に全ての要因を加える．これは，各枝に対する影響が十分に小さくなるまで，つまり影響が無視できるまで加える．

質量　m_{KHP}

NaOH 水溶液を標定するため，約 388 mg の KHP を秤取する．秤量方法は質量差による．このため，風袋質量（$m_{風袋}$）と全質量（$m_{全質量}$）測定の枝を特性要因図に書き込む．この 2 回の秤量には，秤量ごとの変動と天秤校正の不確かさが伴う．校正それ自身には，感度と校正機能の直線性の二つの不確かさ要因がある．もし，秤量が同じスケール内で，そして狭い質量範囲で行われるならば，感度の寄与は無視できる．

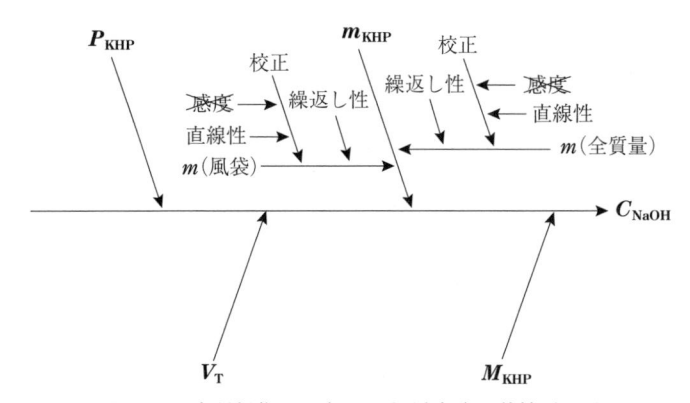

図 A2.6　秤量操作の不確かさ要因を加えた特性要因図

それら全ての不確かさ要因を特性要因図(図A2.5)に加え，図A2.6を得る．

純度 P_{KHP}

KHPの純度はメーカーのカタログから引用することができ，99.95%から100.05%の範囲内である．このため，P_{KHP}は1.0000 ± 0.0005である．もし，メーカーの仕様書に従って乾燥操作を行えば，他に不確かさ要因はない．

分子量 M_{KHP}

フタル酸水素カリウム(KHP)の分子式(経験式)は，$C_8H_5O_4K$である．化合物の分子量の不確かさは，構成元素の原子量の不確かさの合成によって求めることができる．原子量の表に含まれる不確かさ推定値は，IUPACによって*J. Pure Appl. Chem.*誌に2年ごとに発表されている．分子量はそれから直接計算することができるが，図A2.7の特性要因図ではわかりやすくするため，個々の原子量を省略している．

体積 V_T

滴定は20 mLのピストン・ビューレットを使用して行われる．ピストン・ビューレットからのNaOH滴定量は，前例(例A1.1)のメスフラスコの標線合わせと同様に三つの不確かさ要因に従う．それらは，滴定体積の繰返し性(併行精度)，体積校正の不確かさ，実験室とピストン・ビューレットの校正が行われた場所間の温度差から生じる不確かさである．

さらに，終点検出において次の二つの不確かさ要因の寄与もある．
1. 輸送液量の繰返し性とは独立した終点検出の繰返し性
2. 滴定中の二酸化炭素吸収，そして滴定曲線の数学的終点評価の不正確さに起因する，測定された終点と当量点間の系統的な差(かたより)の可能性．

それら全ての項を含めた特性要因図を図A2.7に示す．

A2.4　ステップ3：不確かさ成分の定量

ここでは，ステップ2で同定された各要因の不確かさを定量し，その後標準不確かさに変換する．全ての実験には，いつも少なくともピストン・ビューレットによる滴定液量の繰返し性(併行精度)と秤量操作の繰返し性が含まれる．このため，全体の実験に寄与する全ての繰返し性を一つの繰返し性の枝に統合し，分析法の妥当性確認試験で得られた値を繰返し性に使うことは妥当である．このことを，改良された特性要因図の図A2.8に示す．

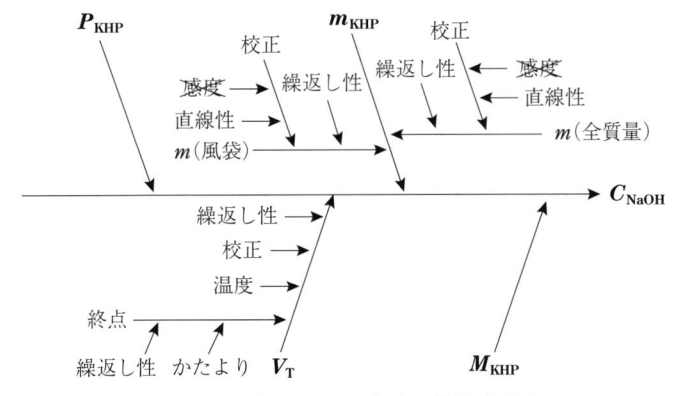

例 A2：水酸化ナトリウム水溶液の標定

図 A2.7 全ての要因を加えた特性要因図

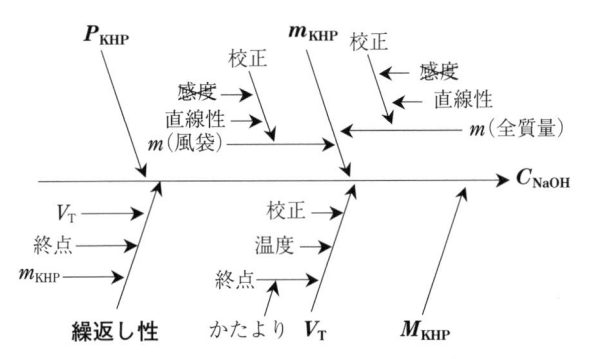

図 A2.8 繰返し性（併行精度）を組み込んだ特性要因図

分析法の妥当性確認試験による，滴定実験の繰返し性は 0.05％ であった．この値は，合成標準不確かさの計算に直接使うことができる．

質量 m_{KHP}

関連する秤量値は以下のとおりである．

容器と KHP の質量 ： 60.5450 g（測定値）
風袋 ： 60.1562 g（測定値）
KHP ： 0.3888 g（計算値）

秤量の繰返し性（併行精度）は，先に確認した統合された繰返し性の成分に統合されているので，ここではこれを考慮する必要はない．測定スケールにわたるあらゆる系統的な補正も取り消される．このため，不確かさは天秤の直線性だけに

直線性：天秤の校正証明書には，直線性が ±0.15 mg と見積もられている．この値は，天秤の皿の上の実際の質量と目盛りの読み取り値間の最大差である．天秤メーカー独自の不確かさ評価では，直線性の標準不確かさへの変換に矩形分布の適用を推奨している．したがって，天秤の直線性の寄与は次のようになる．

$$\frac{0.15 \text{ mg}}{\sqrt{3}} = 0.09 \text{ mg}$$

この寄与は，風袋と全質量測定に対して2回見積もらなければならない．なぜなら，各秤量値は独立した測定値で，直線性の影響は相関性がないからである．このため，質量 m_{KHP} の標準不確かさ $u(m_{KHP})$ の値は次のとおりである．

$$u(m_{KHP}) = \sqrt{2 \times (0.09)^2} \quad \Rightarrow \quad u(m_{KHP}) = 0.13 \text{ mg}$$

注記1：全ての秤量結果は，空気中における通常の秤量法[H.33]に基づいて見積もられているので，浮力補正は考慮されていない．付録Gの注記1参照．

注記2：滴定用標準の秤量には別の難しさもある．標準試料と天秤間のたった1℃の温度差は，繰返し性(併行精度)の寄与と同じオーダーの大きさの質量変化の原因となる．滴定用標準は，完全に乾燥されるが，秤量操作は約50％の相対湿度で実施されるため，いくらかの水分吸収が予想される．

純度　P

P_{KHP} は 1.0000 ± 0.0005 である．メーカーのカタログには，不確かさに関するそれ以上の情報は与えられていない．このため，この不確かさは矩形分布と仮定し，標準不確かさ $u(P_{KHP})$ は $0.0005/\sqrt{3} = 0.00029$ となる．

分子量　M_{KHP}

IUPACの最新の表より，測定時におけるKHP($C_8H_5O_4K$)の構成元素の原子量とそれらの不確かさは以下の表のとおりであった．

元素	原子量	引用された不確かさ	標準不確かさ
C	12.0107	±0.0008	0.00046
H	1.00794	±0.00007	0.000040
O	15.9994	±0.0003	0.00017
K	39.0983	±0.0001	0.000058

各元素の標準不確かさは，IUPAC により矩形分布として見積もられている．
このため，構成元素の不確かさを $\sqrt{3}$ で割って標準不確かさを求める．

KHP の分子量に対する各元素の寄与，および各元素の不確かさへの寄与を以下に示す．

	計 算	結 果	標準不確かさ
C_8	8×12.0107	96.0856	0.0037
H_5	5×1.00794	5.0397	0.00020
O_4	4×15.9994	63.9976	0.00068
K	1×39.0983	39.0983	0.000058

各元素の標準不確かさは，前の表の標準不確かさに原子数を掛けて計算した．
上記の表より，KHP の分子量は次のようになる．

$$M_{KHP} = 96.0856 + 5.0397 + 63.9976 + 39.0983 = 204.2212 \text{ g mol}^{-1}$$

この式は各値の合計であるので，標準不確かさ $u(M_{KHP})$ は各寄与の二乗和の平方根となる．

$$u(M_{KHP}) = \sqrt{0.0037^2 + 0.0002^2 + 0.00068^2 + 0.000058^2}$$

$$\Rightarrow \quad u(M_{KHP}) = 0.0038 \text{ g mol}^{-1}$$

注記：成分元素の M_{KHP} への寄与は単一原子の寄与の単純な合計であるため，不確かさ合成の一般則から各元素の不確かさへの寄与は，単一原子の寄与の二乗和から計算されると予測されるかもしれない．つまり，炭素に対して，

$$u(M_c) = \sqrt{8 \times 0.0037^2} = 0.001 \text{ g mol}^{-1}$$

となる．しかし，この決まりは独立した寄与にだけ，つまり別々の測定値からの寄与にだけ適用される．この場合，合計は単一の値に 8 を掛けることによって得られる．異なる元素からの寄与は独立しており，このため通常の方法で合成されることに留意すること．

<u>体積　V_T</u>

1. **吐出量の繰返し性(併行精度)**：前と同じように，この繰返し性は実験のために統合された繰返し性の成分によって，すでに見積られている．
2. **校正**：吐出量の正確さの範囲は，メーカーによって ± 数字で示されている．20 mL のピストン・ビューレットに対し，標準的なこの値は ± 0.03 mL であ

る．三角分布を仮定すると，標準不確かさ $0.03/\sqrt{6} = 0.012$ mL が得られる．

注記：ISO ガイド(H.2)では，もし範囲の中央値が限界付近のものよりも高いと予想される理由がある場合，三角分布の適用を推奨している．例 A1 と A2 のガラス器具には，三角分布を仮定する(例 A1 での体積の不確かさの考察を参照のこと)．

3. **温度**：温度調整の欠如による不確かさは，例 A1 で紹介した例と同様の方法で計算するが，今回は考えられる温度変動を $\pm 3\,°C$（信頼水準 95%）とする．再び，水の膨張係数 $2.1 \times 10^{-4}\,°C^{-1}$ を使用し，以下の値を得る．

$$\frac{19 \times 2.1 \times 10^{-4} \times 3}{1.96} = 0.006 \text{ mL}$$

このように，温度調整が不十分であることによる標準不確かさは 0.006 mL である．

注記：温度のような環境要因の調整が不十分なことから生じる不確かさを取り扱う時，介在する種々の値への影響のあらゆる相関関係を考慮する必要がある．この例では，水溶液温度の支配的な影響は，別々の溶質の選択加熱効果(あるいは示差加熱効果，differential heating effect)とされる．すなわち，水溶液は周囲温度と平衡ではない．このため，この例では標準状態(STP, standard temperature and pressure)における各水溶液濃度に対する温度の影響とは相関関係がなく，その結果独立した不確かさ寄与として取り扱われる．

4. **終点検出のかたより**：滴定水溶液への CO_2 吸収によるかたよりを避けるため，滴定はアルゴン雰囲気下で行われる．これは，かたよりを補正するよりは防ぐほうがよい，という原則に従ったものである．強酸が強塩基で滴定されるので，pH 曲線から決定される終点が当量点と一致しない，ということ以外にかたよりの兆候はない．したがって，終点検出のかたよりとその不確かさは無視できるとみなせる．

V_T は 18.64 mL となり，体積 V_T の不確かさ $u(V_T)$ に寄与する残された寄与の合成は以下のとおりである．

$$u(V_T) = \sqrt{0.012^2 + 0.006^2}$$
$$\Rightarrow u(V_T) = 0.013 \text{ mL}$$

A2.5 ステップ 4：合成標準不確かさの計算

C_{NaOH} は次式によって得られる．

例A2：水酸化ナトリウム水溶液の標定

$$C_{NaOH} = \frac{1000 \cdot m_{KHP} \cdot P_{KHP}}{M_{KHP} \cdot V_T} \quad [\text{mol L}^{-1}]$$

この式のパラメータ値，それらの標準不確かさと相対標準不確かさを表A2.2に示す．

表 A2.2 滴定のパラメータ値と不確かさ

記号	パラメータ	値	標準不確かさ $u(x)$	相対標準不確かさ $u(x)/x$
rep	繰返し性（併行精度）	1.0	0.0005	0.0005
m_{KHP}	KHPの重量	0.3888 g	0.00013 g	0.00033
P_{KHP}	KHPの純度	1.0	0.00029	0.00029
M_{KHP}	KHPの分子量	204.2212 g mol^{-1}	0.0038 g mol^{-1}	0.000019
V_T	KHPの滴定に要したNaOHの体積	18.64 mL	0.013 mL	0.0007

表の値を使用して C_{NaOH} を計算すると，次のようになる．

$$C_{NaOH} = \frac{1000 \times 0.3888 \times 1.0}{204.2212 \times 18.64} = 0.10214 \text{ mol L}^{-1}$$

上に示す乗法式の合成標準不確かさは次のように計算する．

$$\frac{u_c(C_{NaOH})}{C_{NaOH}} = \sqrt{\left(\frac{u(rep)}{rep}\right)^2 + \left(\frac{u(m_{KHP})}{m_{KHP}}\right)^2 + \left(\frac{u(P_{KHP})}{P_{KHP}}\right)^2 + \left(\frac{u(M_{KHP})}{M_{KHP}}\right)^2 + \left(\frac{u(V_T)}{V_T}\right)^2}$$

$$\Rightarrow \frac{u_c(C_{NaOH})}{C_{NaOH}} = \sqrt{0.0005^2 + 0.00033^2 + 0.00029^2 + 0.000019^2 + 0.00070^2}$$

$$= 0.00097$$

$\Rightarrow u_c(C_{NaOH}) = C_{NaOH} \times 0.00097 = 0.000099 \text{ mol L}^{-1}$

上記の合成標準不確かさの計算を簡単にするため，表計算ソフトウェア（付録E.2参照）を使うことができる．スプレッドシートに入力する値はさらに説明が必要であるので，それらを表A2.3に示す．

種々のパラメータの相対的寄与を検討することは有益である．その寄与は，ヒストグラムによって容易に表すことができる．図A2.9は表A2.3からの計算値 $|u(y, x_i)|$ を示す．

滴定液量 V_T の不確かさへの寄与は，他を大きく引き離しており，繰返し性（併行精度）がそれに続く．秤量操作と滴定標準の純度の不確かさはほぼ同じ大き

表 A2.3 滴定の不確かさ計算のスプレッドシート

	A	B	C	D	E	F	G
1			rep	$m(KHP)$	$P(KHP)$	$M(KHP)$	$V(T)$
2		値	1.0	0.3888	1.0	204.2212	18.64
3		不確かさ	0.0005	0.00013	0.00029	0.0038	0.013
4							
5	rep	1.0	1.0005	1.0	1.0	1.0	1.0
6	$m(KHP)$	0.3888	0.3888	0.38893	0.3888	0.3888	0.3888
7	$P(KHP)$	1.0	1.0	1.0	1.00029	1.0	1.0
8	$M(KHP)$	204.2212	204.2212	204.2212	204.2212	204.2250	204.2212
9	$V(T)$	18.64	18.64	18.64	18.64	18.64	18.653
10							
11	$C(NaOH)$	0.102136	0.102187	0.102170	0.102166	0.102134	0.102065
12	$u(y, x_i)$		0.000051	0.000034	0.000030	−0.000002	−0.000071
13	$u(y)^2, u(y, x_i)^2$	9.72E-9	2.62E-9	1.16E-9	9E-10	4E-12	5.041E-9
14							
15	$u_c(NaOH)$	0.000099					

各パラメータ値を C2 から G2 に与える.それらの標準不確かさを,その下の行(C3-G3)に入力する.スプレッドシート C2-G2 の値を第 2 列 B5-B9 にコピーする.パラメータ値を使用して計算した結果 ($C(NaOH)$)を B11 に与える. C5 は C2 にその不確かさ C3 を加えた繰返し性の値を示す. C5-C9 の値を使用して計算した結果を C11 に示す.列 D-G も同様に操作する.12 行(C12-G12)に示す値は,行(C11-G11)から B11 の値を差し引いた差である.13 行(C13-G13)は 12 行(C12-G12)の二乗で,B13 は C12-G12 の合計である. B15 は B13 の平方根で,合成標準不確かさである.

さを示すが,分子量の不確かさは約 1 桁小さい.

A2.6 ステップ 5：重要成分の再評価

$V(T)$ の寄与が最大である. KHP に対する NaOH の滴定量($V(T)$)は,次の四つの不確かさ要因の影響を受ける：① 吐出量の繰返し性(併行精度),② ピストン・ビューレットの校正,③ ビューレットの使用温度と校正温度間の差,④ 終点検出の繰返し性.各寄与の大きさをチェックした結果,②のピストン・ビューレットの校正がきわめて大きいことがわかった.このため,この寄与をさらに詳しく検討する. $V(T)$ 校正の標準不確かさは,三角分布と仮定するメーカーのデータから計算した.分布関数選択の影響を表 A2.4 に示す.

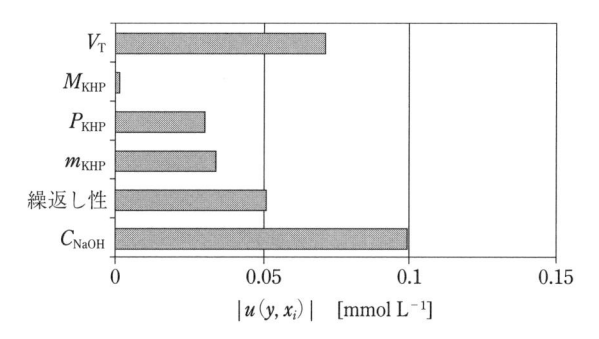

例 A2：水酸化ナトリウム水溶液の標定

[棒グラフ：縦軸に V_T, M_{KHP}, P_{KHP}, m_{KHP}, 繰返し性, C_{NaOH}、横軸 $|u(y, x_i)|$ [mmol L^{-1}] 0, 0.05, 0.1, 0.15]

$u(y, x_i) = (\partial x/\partial y)\cdot u(x_i)$ の値は表 A2.3 からとった．

図 A2.9 NaOH の標定における不確かさの寄与

表 A2.4 異なる分布関数の影響

分布関数	係数	$u(V(T;\mathrm{cal}))$ [mL]	$u(V(T))$ [mL]	$u_c(C_{NaOH})$ [mol mL^{-1}]
矩形	$\sqrt{3}$	0.017	0.019	0.000 11
三角	$\sqrt{6}$	0.012	0.015	0.000 099
正規*	$\sqrt{9}$	0.010	0.013	0.000 085

＊：係数 $\sqrt{9}$ は ISO ガイド 4.3.9 項注記 1（下記）の係数 3 から生じる．

ISO ガイド 4.3.9 項 注記 1 によると：
「期待値 μ と標準偏差 σ の正規分布の場合，区間 $\mu \pm 3\sigma$ に約 99.73％の分布を含む．このように，上限 a_+ と下限 a_- を 100％限度ではなく 99.73％限度と定めれば，X_i（限界幅）は特定の情報がないのではなく，ほぼ正規に分布していると仮定されるので，その結果 $u^2(x) = a^2/9$ となる．比較してみると対称的な矩形分布の分散の半値幅 a は $a^2/3\cdots$，そして対称的な三角分布の分散の半値幅 a は $a^2/6\cdots$ である．三つの分布の分散の大きさは，それらの分布関数の違いを考慮しても驚くほど似ている．」

このように，影響する量の分布関数の選択は，合成標準不確かさ（$u_c(C_{NaOH})$）値への影響が小さく，三角分布を選択すると仮定するのは適切である．

拡張不確かさ $U(C_{NaOH})$ は，合成標準不確かさに包含係数 2 を掛けることによって得られる．

$$U(C_{NaOH}) = 0.000\,10 \times 2 = 0.0002 \text{ mol L}^{-1}$$

したがって，NaOH 水溶液の濃度は，(0.1021 ± 0.0002) mol L^{-1} になる．

例 A3：酸—塩基滴定

要　約

目　標

水酸化ナトリウム(NaOH)水溶液で，塩酸(HCl)を標定する．

測定手順

塩酸(HCl)濃度を，滴定用標準のフタル酸水素カリウム(KHP)で標定した水酸化ナトリウム(NaOH)水溶液で滴定して測定する．手順を図 A3.1 に示す．

測定量：

$$C_{HCl} = \frac{1000 \cdot m_{KHP} \cdot P_{KHP} \cdot V_{T2}}{V_{T1} \cdot M_{KHP} \cdot V_{HCl}} \quad [\text{mol L}^{-1}]$$

ここで，記号の説明は表 A3.1 に示す．1000 は[mL]から[L]への換算係数である．

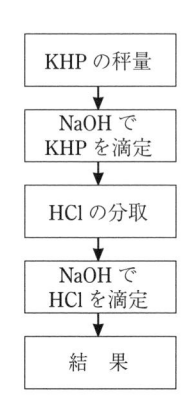

図 A3.1
HCl 水溶液の標定手順

表 A3.1　酸塩基滴定のパラメータ値と不確かさ

記号	パラメータ	値 x	標準不確かさ $u(x)$	相対標準不確かさ $u(x)/x$
rep	繰返し性(併行精度)	1	0.001	0.001
m_{KHP}	KHP の質量	0.3888 g	0.00013	0.00033
P_{KHP}	KHP の純度	1.0	0.00029	0.00029
V_{T2}	HCl の滴定に要した NaOH の体積	14.89 mL	0.014 mL	0.0010
V_{T1}	KHP の滴定に要した NaOH の体積	18.64 mL	0.016 mL	0.00086
M_{KHP}	KHP の分子量	204.2212 g mol^{-1}	0.0038 g mol^{-1}	0.000019
V_{HCl}	NaOH 滴定における HCl の分取量	15 mL	0.011 mL	0.00073
C_{HCl}	HCl 濃度	0.10139 mol L^{-1}	0.00016 mol L^{-1}	0.0016

不確かさ要因の同定：

関連する不確かさ要因を図 A3.2 に示す.

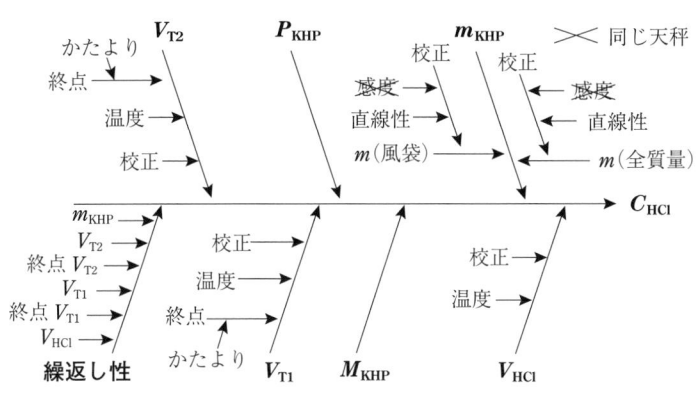

図 **A3.2** 酸—塩基滴定の特性要因図

不確かさ成分の定量

最終的な不確かさは，$0.00016 \text{ mol L}^{-1}$ と推定された．表 A3.1 には数値とそれらの不確かさの要約，そして図 A3.3 には得られた各不確かさの寄与を示す．

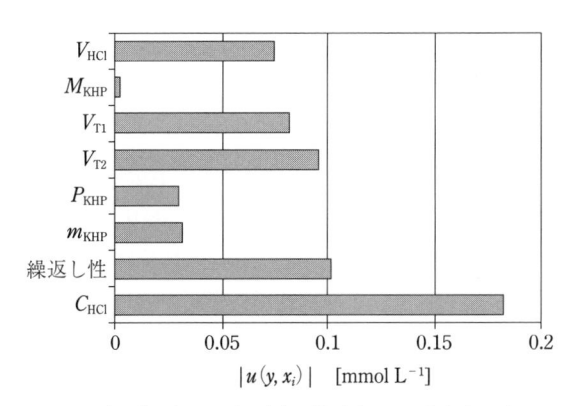

$u(y, x_i) = (\partial y / \partial x) \cdot u(x_i)$ の値は表 A3.3 からとった．

図 **A3.3** 酸—塩基滴定における不確かさの寄与

例 A3：酸―塩基滴定

詳 細 検 討

A3.1 まえがき

　この例では，滴定法による塩酸(HCl)の濃度測定実験を考察し，滴定法における数多くの特別な局面を明らかにする．HCl は，新たに調製し，フタル酸水素カリウム(KHP)で標定された水酸化ナトリウム(NaOH)水溶液で滴定する．前の例 A2 のように，HCl 濃度は $0.1 \, \mathrm{mol \, L^{-1}}$ のオーダーであり，滴定の終点は自動滴定装置によって pH 曲線の形状から決定する．この評価によって，測定の SI 単位に関する測定不確かさが得られる．

A3.2 ステップ 1：測定量の明細

　最初に測定手順を詳細に記述する．ここでは，測定手順各ステップのリストを作成し，測定量を数式で表す．

測定手順

　以下の操作によって，HCl 濃度を測定する(図 A3.4)．

ⅰ） メーカーの保証書に記載された純度を確保するため，滴定用標準のフタル酸水素カリウム(KHP)を乾燥させる．NaOH 水溶液の滴定量を 19 mL にするため，乾燥した標準 KHP 約 0.388 g を秤取する．

ⅱ） 滴定用標準 KHP を約 50 mL のイオン交換水で溶解し，NaOH 水溶液で滴定する．滴定装置により，NaOH 水溶液の滴下量を自動的にコントロールし，pH 曲線を測定する．終点は記録された滴定曲線の形状から評価する．

ⅲ） 全量ピペットで HCl 水溶液 15 mL を滴定容器に移し，イオン交換水で約 50 mL に希釈する．

ⅳ） 同じ自動滴定装置によって，HCl 水溶液を滴定する．

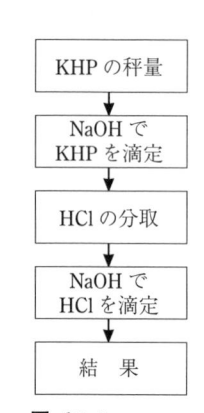

図 A3.4
HCl 水溶液の標定手順

計 算

測定量は HCl 水溶液の濃度 C_{HCl} である．それは KHP の質量，純度，分子量，2 回の滴定終点における NaOH の体積，そして HCl の分取量に依存する．

$$C_{HCl} = \frac{1000 \cdot m_{KHP} \cdot P_{KHP} V_{T2}}{V_{T1} \cdot M_{KHP} \cdot V_{HCl}} \quad [\text{mol L}^{-1}]$$

ここで，

- C_{HCl} ：HCl 溶液の濃度 $[\text{mol L}^{-1}]$，
- 1000 ：[mL] から [L] への換算係数，
- m_{KHP} ：秤取した KHP の質量 [g]，
- P_{KHP} ：質量分率で与えられた KHP の純度，
- V_{T2} ：HCl 溶液の滴定に要した NaOH の体積 [mL]，
- V_{T1} ：KHP の滴定に要した NaOH の体積 [mL]，
- M_{KHP} ：KHP の分子量 $[\text{g mol}^{-1}]$，
- V_{HCl} ：NaOH 水溶液で滴定された HCl の体積 [mL]，である．

A3.3 ステップ 2：不確かさ要因の同定と分析

最初に特性要因図をつくることにより，種々の不確かさ要因とそれらの測定量への影響を一番上手く分析することができる（図 A3.5）．

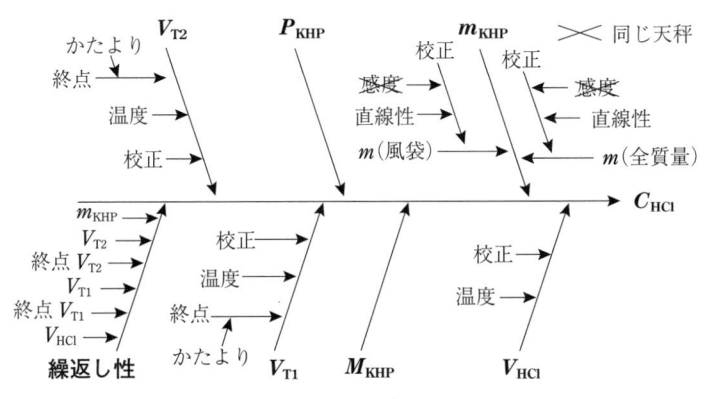

図 A3.5 酸―塩基滴定の特性要因図

妥当性確認試験による全体操作に対する繰返し性（併行精度）のデータが得られるため，個々の寄与の再現性は考慮する必要がない．このため，個々の寄与の再

現性は繰返し性の枝として，一つの寄与にグループ化する（図A3.5の特性要因図に示す）．

パラメータ V_{T2}, V_{T1}, m_{KHP}, P_{KHP}, M_{KHP} は，前の例で広範囲に考察したので，この節では新しいパラメータ V_{HCl} のみを詳細に取り扱う．

体積　V_{HCl}

試験する HCl 15 mL は，全量ピペットで移す．ピペットによる HCl の供給量は，全ての体積測定器具と同じように，以下の三つの不確かさ要因に影響される．
1. 供給される体積の変動性または繰返し性
2. ピペットの提示された体積の不確かさ
3. ピペットの校正温度と溶液温度の違い

A3.4　ステップ3：不確かさ成分の定量

このステップの目的は，ステップ2で分析した各不確かさ要因を定量することである．特性要因図の枝成分の定量，あるいはもっと正確にいうと種々の不確かさ成分の定量は，前の2例の中で詳細に説明した．このため，ここでは前の例と異なる寄与の要約のみを述べる．

繰返し性（併行精度）

妥当性確認試験による測定の繰返し性は，RSDで0.1％であった．この値は，種々の繰返し性の成分に付随する寄与として，合成不確かさの計算に直接使うことができる．

質量　m_{KHP}

校正と直線性：天秤メーカーは，直線性の寄与を ± 0.15 mg と見積もっている．この値は，天秤の皿の上の実際の質量と目盛の読み取り値との最大差を表す．直線性の寄与は矩形分布と仮定し，次のようにして標準不確かさに変換する．

$$\frac{0.15}{\sqrt{3}} = 0.087 \text{ mg}$$

直線性の寄与は，1回目は風袋に，もう1回は全質量に対し，合計2回見積もらなければならない．この不確かさ $u(m_{KHP})$ は次のようになる．

$$u(m_{KHP}) = \sqrt{2 \times (0.087)^2}$$
$$\Rightarrow u(m_{KHP}) = 0.12 \text{ mg}$$

注記1：非直線性の形状がわからないため，直線性寄与は2回適用される．したがって，非

直線性は測定範囲にわたってその大きさをランダムに変化する各秤量の系統的影響として扱う．

注記2：全ての秤量結果は，空気中における通常の秤量法[H.33]のかたよりをもった状態で見積もられており，浮力補正は考慮しない．残りの不確かさ要因は，考慮するには小さすぎる．付録G中の注記1参照．

KHPの純度　P_{KHP}

メーカーの証明書に，P_{KHP} は 100 % で，その不確かさとして ±0.05 %（または ±0.0005）が与えられている．この不確かさを矩形分布とすると，その標準不確かさ $u(P_{KHP})$ は次のようになる．

$$u(P_{KHP}) = \frac{0.0005}{\sqrt{3}} = 0.00029$$

HClの滴定に要したNaOHの体積 V_{T2}

ⅰ) **校正**：メーカーによって与えられた値は ±0.03 mL で，これを三角分布と近似して $0.03/\sqrt{6} = 0.012$ mL とする．

ⅱ) **温度**：考えられる温度変動は ±4℃の範囲内で，それを矩形分布として取り扱い，$15 \times 2.1 \times 10^{-4} \times 4/\sqrt{3} = 0.007$ mL とする．

ⅲ) **終点検出のかたより**：アルゴン雰囲気下での滴定により，大気中の CO_2 の吸収による終点と等量点間のかたよりを防ぐことができる．したがって，このかたよりに対する不確かさの割当量はない．

V_{T2} は 14.89 mL が得られ，その不確かさ $u(V_{T2})$ への二つの寄与を合成すると，次の値が得られる．

$$u(V_{T2}) = \sqrt{0.012^2 + 0.007^2}$$
$$\Rightarrow \quad u(V_{T2}) = 0.014 \text{ mL}$$

KHPの滴定に要したNaOHの体積 V_{T1}

温度に対する一つの寄与を除き，全ての寄与は，V_{T2} に対するものと等しい．

ⅰ) **校正**：$\dfrac{0.03}{\sqrt{6}} = 0.012$ mL

ⅱ) **温度**：KHP 0.3888 g の滴定に必要な NaOH 水溶液の体積は約 19 mL であり，このためその不確かさへの寄与は，$19 \times 2.1 \times 10^{-4} \times 4/\sqrt{3} = 0.009$ mL となる．

ⅲ) **かたより**：無視できる

V_{T1} は 18.64 mL で，その標準不確かさ $u(V_{T1})$ は次のようになる．

$$u(V_{\text{T1}}) = \sqrt{0.012^2 + 0.009^2}$$
$$\Rightarrow \quad u(V_{\text{T1}}) = 0.015 \text{ mL}$$

分子量　M_{KHP}

最新の IUPAC の表より，KHP($C_8H_5O_4K$) の構成元素に対する原子量と不確かさは次のようになる．

元素	原子量	不確かさ	標準不確かさ
C	12.0107	±0.0008	0.000 46
H	1.007 94	±0.000 07	0.000 040
O	15.9994	±0.0003	0.000 17
K	39.0983	±0.0001	0.000 058

各元素に対する IUPAC の標準不確かさは，矩形分布の範囲を形成するとして見積もられたものである．したがって，標準不確かさは，それらの値を $\sqrt{3}$ で割ることによって得られる．

KHP の分子量とその不確かさ $u(M_{\text{KHP}})$ は，それぞれ次のようになる．

$M_{\text{KHP}} = 8 \times 12.0107 + 5 \times 1.007\,94 + 4 \times 15.9994 + 39.0983 = 204.2212 \text{ g mol}^{-1}$

$u(M_{\text{KHP}}) = \sqrt{(8 \times 0.000\,46)^2 + (5 \times 0.000\,04)^2 + (4 \times 0.000\,17)^2 + 0.000\,058^2}$

$\Rightarrow \quad u(M_{\text{KHP}}) = 0.0038 \text{ g mol}^{-1}$

注記：一つ一つの原子の寄与は独立していない．このため，原子の寄与に対する不確かさは，原子量の標準不確かさに原子数を掛けて求められる．

HCl の体積　V_{HCl}

ⅰ) **校正**：メーカーが提示する 15 mL 全量ピペットの不確かさは，±0.02 mL で，これを三角分布として取り扱うと，$0.02/\sqrt{6} = 0.008$ mL になる．

ⅱ) **温度**：実験室の温度は，±4℃ の範囲である．矩形分布を使用し，温度の標準不確かさは，$15 \times 2.1 \times 10^{-4} \times 4/\sqrt{3} = 0.007$ mL となる．

それらの寄与を合成する*1．

$$u(V_{\text{HCl}}) = \sqrt{0.008^2 + 0.007^2}$$
$$\Rightarrow \quad u(V_{\text{HCl}}) = 0.011 \text{ mL}$$

---

*1 訳注：原著では $u(V_{\text{HCl}}) = \sqrt{0.0037^2 + 0.008^2 + 0.007^2}$ となっているが，本文中には 0.0037 の記述がないので，この項を削除した．

A3.5 ステップ4:合成標準不確かさの計算

C_{HCl} は次式によって与えられる.

$$C_{HCl} = \frac{1000 \cdot m_{KHP} \cdot P_{KHP} \cdot V_{T2}}{V_{T1} \cdot M_{KHP} \cdot V_{HCl}}$$

注記:この例の繰返し性(併行精度)の推定は相対的影響として取り扱われるため,測定量の計算式は次のようになる.

$$C_{HCl} = \frac{1000 \cdot M_{KHP} \cdot P_{KHP} \cdot V_{T2}}{V_{T1} \cdot M_{KHP} \cdot V_{HCl}} \times rep$$

2段階の滴定実験全てのパラメータ値と,それらの標準不確かさを表 A3.2 に示す.それらの値を使用して C_{HCl} を計算すると次のようになる.

$$C_{HCl} = \frac{1000 \times 0.3888 \times 1.0 \times 14.89}{18.64 \times 204.2212 \times 15} \times 1 = 0.10139 \text{ mol L}^{-1}$$

その結果,各成分に付随する不確かさは次のように合成される.

$$\frac{u_c(C_{HCl})}{C_{HCl}}$$

$$= \sqrt{\left(\frac{u(m_{KHP})}{m_{KHP}}\right)^2 + \left(\frac{u(P_{KHP})}{MP_{KHP}}\right)^2 + \left(\frac{u(V_{T2})}{V_{T2}}\right)^2 + \left(\frac{u(V_{T1})}{V_{T1}}\right)^2 + \left(\frac{u(M_{KHP})}{M_{KHP}}\right)^2 + \left(\frac{u(V_{HCl})}{V_{HCl}}\right)^2 + u(rep)^2}$$

$$= \sqrt{0.00031^2 + 0.00029^2 + 0.00094^2 + 0.00080^2 + 0.000019^2 + 0.00073^2 + 0.001^2}$$

表 A3.2 酸—塩基滴定におけるパラメータ値と不確かさ(2段階の滴定操作)

記号	パラメータ	値 x	標準不確かさ $u(x)$	相対標準不確かさ $u(x)/x$
rep	繰返し性(併行精度)	1	0.001	0.001
m_{KHP}	KHPの質量	0.3888 g	0.00012 g	0.00031
P_{KHP}	KHPの純度	1.0	0.00029	0.00029
V_{T2}	HClの滴定に要したNaOHの体積	14.89 mL	0.014 mL	0.00094
V_{T1}	KHPの滴定に要したNaOHの体積	18.64 mL	0.015 mL	0.00080
M_{KHP}	KHPの分子量	204.2212 g mol^{-1}	0.0038 g mol^{-1}	0.000019
V_{HCl}	NaOHの滴定に使用したHClの体積	15 mL	0.011 mL	0.00073

= 0.0018

$\Rightarrow \quad u_c(C_{HCl}) = C_{HCl} \times 0.0018 = 0.00018 \text{ mol L}^{-1}$

上記の合成不確かさ計算を簡略化するため，表計算法(付録 E 参照)を使用する．本例のスプレッドシートとその説明を表 A3.3 に示す．

表 A3.3 表計算法による酸—塩基滴定の不確かさ計算

	A	B	C	D	E	F	G	H	I
1			rep	$m(KHP)$	$P(KHP)$	$V(T2)$	$V(T1)$	$M(KHP)$	$V(HCl)$
2		数値	1.0	0.3888	1.0	14.89	18.64	204.2212	15
3		不確かさ	0.001	0.00012	0.00029	0.014	0.015	0.0038	0.011
4									
5	rep	1.0	1.001	1.0	1.0	1.0	1.0	1.0	1.0
6	$m(KHP)$	0.3888	0.3888	0.38892	0.3888	0.3888	0.3888	0.3888	0.3888
7	$P(KHP)$	1.0	1.0	1.0	1.00029	1.0	1.0	1.0	1.0
8	$V(T2)$	14.89	14.89	14.89	14.89	14.904	14.89	14.89	14.89
9	$V(T1)$	18.64	18.64	18.64	18.64	18.64	18.655	18.64	18.64
10	$M(KHP)$	204.2212	204.2212	204.2212	204.2212	204.2212	204.2212	204.2250	204.2212
11	$V(HCl)$	15	15	15	15	15	15	15	15.011
12									
13	$C(HCl)$	0.101387	0.101489	0.101418	0.101417	0.101482	0.101306	0.101385	0.101313
14	$u(y, x_i)$		0.000101	0.000031	0.000029	0.000095	−0.000082	−0.0000019	−0.000074
15	$u(y)^2, u(y, xi)^2$	3.34E-8	1.03E-8	9.79E-10	8.64E-10	9.09E-9	6.65E-9	3.56E-12	5.52E-9
16									
17	$u(C(HCl))$	0.00018							

パラメータ値を C2 から I2 に与える．それらの標準不確かさをその下の行(C3 - I3)に入力する．C2 - I2 の値を B5 から B11 の列にコピーする．それらの値を使用して計算した(C(HCl))の値を B13 に与える．C5 は C2 に C3 の不確かさを加えた繰返し性を示す．C5 - C11 の値を使用して計算した結果を C13 に示す．列 D から I も同じ操作をする．第 14 行(C14 - I14)の値は，第 13 行(C13 - I13)から B13 の値を差し引いた差を示す．第 15 行(C15 - I15)は，第 14 行(C14 - I14)の二乗値で，これらの総和を B15 に示す．B17 は B15 の平方根で，合成標準不確かさである．

異なる寄与の大きさは，ヒストグラムによって比較することができる．図 A3.6 には，表 A3.3 からとった $|u(y, x_i)|$ の各寄与の値を示す．

拡張不確かさ $U(C_{HCl})$ は，合成標準不確かさに包含係数 2 を掛けて計算する．

$$U(C_{HCl}) = 0.00018 \times 2 = 0.0004 \text{ mol L}^{-1}$$

HCl 溶液の濃度は次のようになる．

$$C_{HCl} = (0.1014 \pm 0.0004) \text{ mol L}^{-1}$$

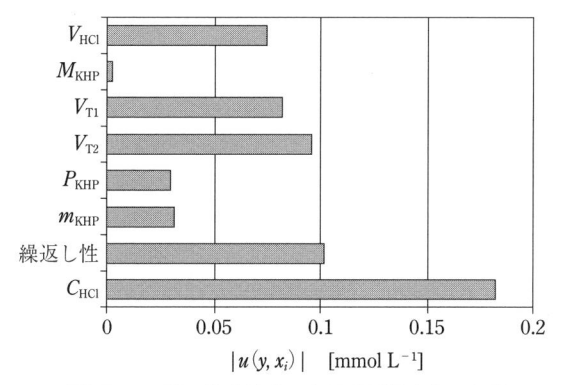

図 **A3.6** 酸―塩基滴定における不確かさの比較

A3.6 滴定例の特別な測面

この例の第2部では，滴定実験の三つの特別な測面を取り扱う．実験の設定または滴定の実施における影響の変化が，最終結果とその合成標準不確かさにどのように影響するかを調べるのは興味深い．

平均室温 25℃の影響

ルーチン分析において，分析化学者は体積に対する実験室温度の系統的な影響をあまり補正しない．しかし，ここでは室温の影響を補正することによって導入される不確かさを検討する．

体積の測定器具は，温度20℃で校正されている．しかし，分析の実験室で室温を20℃に管理しているところはあまりない．このため，平均室温25℃に対する補正を考えてみる．

最終分析結果は20℃で校正された体積ではなく，室温で補正された体積を使用して計算する．体積に対する温度の影響は，次式によって補正する．

$$V' = V[1 - \alpha(T - 20)]$$

ここで，

V'：20℃における体積，
V：平均温度 T における体積，
α：水溶液の膨張係数[℃$^{-1}$]，
T：実験室で観測された温度[℃]，である．

測定量の式は次のように書き直すことができる．

$$C_{HCl} = \frac{1000 \cdot m_{KHP} \cdot P_{KHP}}{M_{KHP}} \cdot \frac{V'_{T2}}{V'_{T1} \cdot V'_{HCl}}$$

上記の式に温度補正項を含めると，次のようになる．

$$C_{HCl} = \frac{1000 \cdot m_{KHP} \cdot P_{KHP}}{M_{KHP}} \cdot \frac{V'_{T2}}{V'_{T1} \cdot V'_{HCl}}$$

$$= \left(\frac{1000 \cdot m_{KHP} \cdot P_{KHP}}{M_{KHP}}\right) \times \frac{V_{T2}[1-\alpha(T-20)]}{V_{T1}[1-\alpha(T-20)] \cdot V_{HCl}[1-\alpha(T-20)]}$$

次に，三つの溶液全てにおいて，平均温度 T と水溶液の膨張係数 α が等しいと仮定すると，上の式は次のように簡略化される．

$$C_{HCl} = \left(\frac{1000 \cdot m_{KHP} \cdot P_{KHP}}{M_{KHP}}\right) \times \frac{V_{T2}}{V_{T1} \cdot V_{HCl}[1-\alpha(T-20)]}$$

これは，20℃における HCl と少し違った結果になる．

$$C_{HCl} = \frac{1000 \times 0.3888 \times 1.0 \times 14.89}{204.2236 \times 18.64 \times 15 \times [1-2.1 \times 10^{-4} \times (25-20)]} = 0.101\,49 \text{ mol L}^{-1}$$

得られた数字は，依然として平均温度 20℃ の結果の合成標準不確かさの範囲内であり，校正温度と使用温度の違いは大きく影響しないことがわかる．平均室温 25℃ において ±4℃ の温度変動は常に想定されているので，その温度変化は合成標準不確かさの評価に影響しない．

目視による終点検出

自動滴定装置による pH 曲線からの終点決定を，フェノールフタレインを使用する目視による終点検出に代えると，かたよりが生じる．透明から赤または紫への色の変化は pH が 8.2 と 9.8 の間で起こるため，滴定量が過剰になる．実験によると，目視による終点検出の過剰量は約 0.05 mL で，その標準不確かさは約 0.03 mL であった．過剰体積から生じるかたよりは，最終結果の計算で考慮されなければならない．目視による終点検出に対する実際の体積は，次式によって与えられる．

$$V_{T1;Ind} = V_{T1} + V_{Excess}$$

ここで，

$V_{T1;Ind}$ ：目視による終点検出の体積，

V_{T1} ：当量点の体積，

V_{Excess} ：フェノールフタレインの色変化に必要な過剰体積，である．

上記で見積もられた体積補正により，測定量の式は次のように変化する．

例 A3：酸—塩基滴定

$$C_{\text{HCl}} = \frac{1000 \cdot m_{\text{KHP}} \cdot P_{\text{KHP}} \cdot (V_{\text{T2;Ind}} - V_{\text{Excess}})}{M_{\text{KHP}} \cdot (V_{\text{T2;Ind}} - V_{\text{Excess}}) \cdot V_{\text{HCl}}}$$

目視による終点検出の標準不確かさを終点検出の繰返し性不確かさ成分として使用し，標準不確かさ $u(V_{\text{T1}})$ と $u(V_{\text{T2}})$ を再計算する．

$$u(V_{\text{T1}}) = u(V_{\text{T1;Ind}} - V_{\text{Excess}}) = \sqrt{0.012^2 + 0.009^2 + 0.03^2} = 0.034 \text{ mL}*2$$

$$u(V_{\text{T2}}) = u(V_{\text{T2;Ind}} - V_{\text{Excess}}) = \sqrt{0.012^2 + 0.007^2 + 0.03^2} = 0.033 \text{ mL}*2$$

それらの値を使用し，合成標準不確かさを計算すると次のようになる．

$$u_c(C_{\text{HCl}}) = 0.0003 \text{ mol L}^{-1}$$

これは，前の値よりもかなり大きい．

3 回の繰返し測定による最終結果

最終結果を得るため，2 段階の滴定実験を 3 回実施する．3 回測定によって繰返し性(併行精度)の寄与が減少し，全体の不確かさも減少することが期待される．

全操作の実施間の変動は，図 A3.5 の特性要因図に示すように，実験全体の繰返し性を表す一つの成分に統合される．

不確かさ成分は次のようにして定量される：

質量 m_{KHP}

直線性：$0.15/\sqrt{3} = 0.087$ mg

$\Rightarrow \quad u(m_{\text{KHP}}) = \sqrt{2 \times 0.87^2} = 0.12$ mg

純度 P_{KHP}

純度：$0.0005/\sqrt{3} = 0.00029$

体積 V_{T2}

校正：$0.0003/\sqrt{6} = 0.012$ mL

温度：$15 \times 2.1 \times 10^{-4} \times 4/\sqrt{3} = 0.007$ mL

$\Rightarrow \quad u(V_{\text{T2}}) = \sqrt{0.012^2 + 0.007^2} = 0.014$ mL

繰返し性(併行精度)

3 回の定量実験の品質管理(QC)記録は，長期にわたる実験の標準偏差の平均が 0.001(RSD)であることを示していた．この値は 52％の不確かさをもつため，

---

*2 訳注：この計算の 0.03 の項は目視検出による不確かさで，それ以外の項は A3.4 節の計算の値と等しい．

3回測定によって得られる実際の標準偏差に使用することは推奨されない．独立した3回測定の標準不確かさを得るため，0.001 の標準偏差を三角分布の $\sqrt{3}$ で割る．

$$rep = 0.001/\sqrt{3} = 0.00058 \quad （\text{RSD として}）$$

体積　V_{HCl}

校正：$0.02/\sqrt{6} = 0.008$ mL

温度：$15 \times 2.1 \times 10^{-4} \times 4/\sqrt{3} = 0.007$ mL

$\Rightarrow u(V_{HCl}) = \sqrt{0.008^2 + 0.007^2} = 0.01$ mL

分子量　M_{KHP}

$$u(M_{KHP}) = 0.0038 \text{ g mol}^{-1}$$

体積　V_{T1}

校正：$0.03/\sqrt{6} = 0.012$ mL

温度：$19 \times 2.1 \times 10^{-4} \times 4/\sqrt{3} = 0.009$ mL

$\Rightarrow u(V_{T1}) = \sqrt{0.012^2 + 0.009^2} = 0.015$ mL

全ての不確かさ成分を表 A3.4 に要約する．合成標準不確かさを計算すると 0.00016 mol L^{-1} となり，3回定量による減少はわずかであった．不確かさに寄与する要因のヒストグラムを図 A3.7 に示す．図より，3回繰り返しの効果は明

表 A3.4　繰返し酸─塩基滴定のパラメータ値と不確かさ

記号	パラメータ	値 x	標準不確かさ $u(x)$	相対標準不確かさ $u(x)/x$
rep	定量の繰返し性（併行精度）	1.0	0.00058	0.00058
m_{KHP}	KHP の質量	0.3888 g	0.00012 g	0.00033
P_{KHP}	KHP の純度	1.0	0.00029	0.00029
V_{T2}	HCl の滴定に要した NaOH の体積	14.90 mL	0.014 mL	0.00094
V_{T1}	KHP の滴定に要した NaOH の体積	18.65 mL	0.015 mL	0.0008
M_{KHP}	KHP の分子量	204.2212 g mol^{-1}	0.0038 g mol^{-1}	0.000019
V_{HCl}	NaOH の滴定に使用された HCl の体積	15 mL	0.011 mL	0.00067

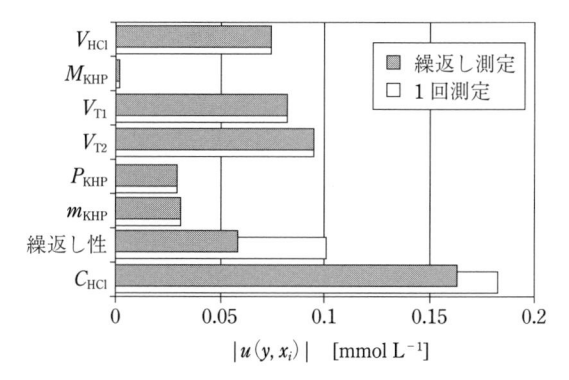

図 **A3.7** 繰返し酸—塩基滴定の不確かさ

白である．繰返し性(併行精度)には大きな寄与を与えるが，体積の不確かさに対する寄与はそのまま残り，改良は限られる．

例 A4：インハウス妥当性確認試験からの不確かさ推定
パン中の有機リン酸塩殺虫剤の定量

要　約

目　標

パン中の有機リン酸塩殺虫剤の残留量を，溶媒抽出とガスクロマトグラフィーによって定量する．

測定手順

有機リン酸塩殺虫剤の残留量を定量するための操作を図 A4.1 に示す．

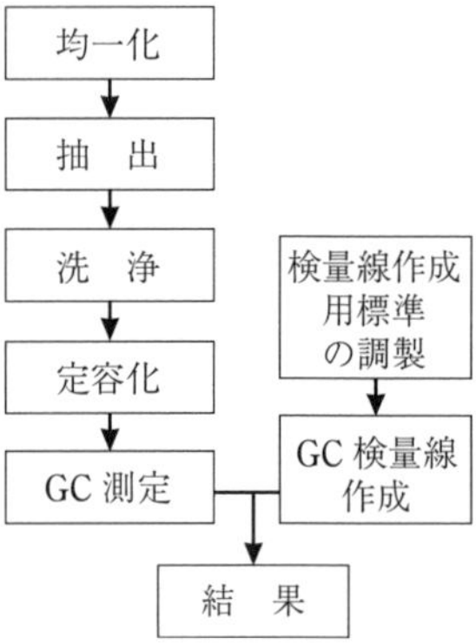

測定量

$$P_{\text{op}} = \frac{I_{\text{op}} \cdot C_{\text{ref}} \cdot V_{\text{op}}}{I_{\text{ref}} \cdot Rec \cdot m_{\text{sample}}} \cdot F_{\text{hom}} \cdot F_{\text{I}} \quad [\text{mg kg}^{-1}]$$

ここで，

P_{op} ：試料中の殺虫剤質量分率 $[\text{mg kg}^{-1}]$，

I_{op} ：試料から抽出した抽出液のピーク強度，

C_{ref} ：参照標準の質量濃度 $[\text{mg mL}^{-1}]$，

V_{op} ：抽出物の最終体積 $[\text{mL}]$，

I_{ref} ：参照標準のピーク強度，

Rec ：回収率，

m_{sample}：分析した小分け試料の質量 $[\text{g}]$，

F_{I} ：中間精度の条件下における中間精度の影響を表す補正係数，

F_{hom} ：試料不均質性の補正係数，である．

図 A4.1
有機リン酸塩殺虫剤の測定手順

不確かさ要因の同定

関係する不確かさ要因を図 A4.2 の特性要因図に示す．

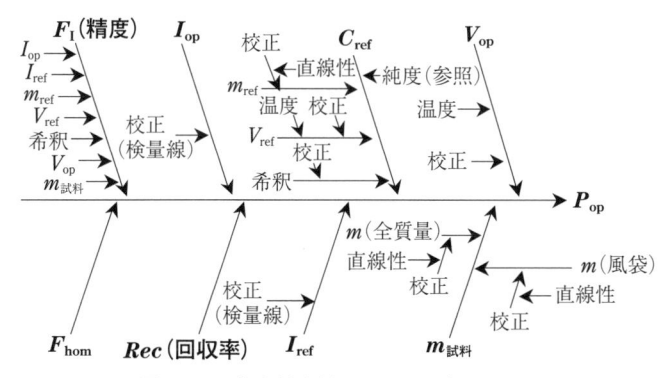

例A4：インハウス妥当性確認試験からの不確かさ推定

図 A4.2 殺虫剤分析における不確かさ要因

不確かさ成分の定量

インハウス妥当性確認試験データに基づく，不確かさの3主要因とそれらの値を表A4.1に，そして要因のヒストグラムを図A4.3に示す（数値は表A4.5より）．

表 A4.1 殺虫剤分析における不確かさ

要因	値 x	標準不確かさ $u(x)$	相対標準不確かさ $u(x)/x$	コメント
精度(1)	1.0	0.27	0.27	種々の種類試料の重複試験に基づく
かたより(Rec)(2)	0.9	0.043	0.048	スパイクした試料
他の要因(3)(均質性)	1.0	0.2	0.2	仮想モデルに基づく推定値
P_{OP}	—	—	0.34	相対標準不確かさ

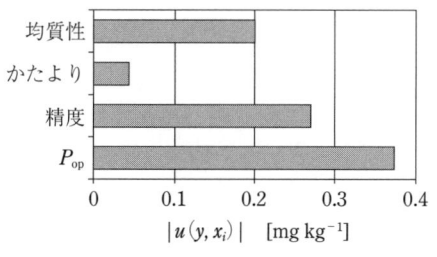

$u(y, x_i) = (\partial y/\partial x) \cdot u(x_i)$ の値は表A4.5からとった．

図 A4.3 殺虫剤分析における不確かさの比較

例 A4：インハウス妥当性確認試験からの不確かさ推定
パン中の有機リン酸塩殺虫剤の定量

詳 細 検 討

A4.1 まえがき

この例では，インハウス妥当性確認試験データを測定不確かさの推定に使用する方法を説明する．この測定の目的は，パン中の残留有機リン酸塩殺虫剤の定量である．有機リン酸塩をスパイクした試料の測定による，妥当性確認スキームと実験が分析法の性能を証明する．試料中のスパイクと分析種の測定応答の違いによる不確かさは，結果の全不確かさに比べて小さいとみなされる．

A4.2 ステップ1：測定量の明細

測定量は，パン試料中に含まれる殺虫剤の質量分率である．より大規模な分析法の詳細な測定量の明細は，分析法の種々の段階の包括的記述と測定量の式を与えることによって成される．

測定手順

測定操作の概略を図 A4.4 に示す．各ステップの操作は次のとおりである．

i) 均質化：全ての試料を約 2 cm の小さな破片に分割し，それらの約 15 片をランダムに選択する．分割試料を均質に混合する．極度の不均質性が疑われる場合，混合前に比例採取法（proportional sampling）を適用する．

ii) 分割し，混合した試料を秤取し，その質量 m_{sample} を求める．

iii) 抽出：有機溶媒による分析種の定量的抽出，デカンテーションと硫酸ナトリウムカラムを通して水分除去，そして Kuderna-Danish 装置によって抽出物を濃縮する．

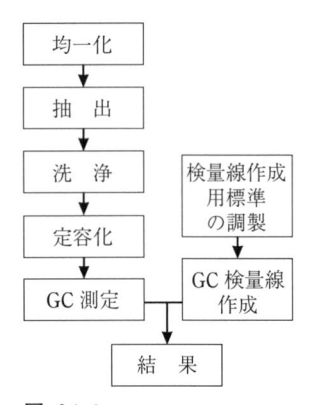

iv) 液―液抽出

図 A4.4
有機リン酸塩殺虫剤の測定手順

例 A4：インハウス妥当性確認試験からの不確かさ推定

v） アセトニトリル/ヘキサンの分液，ヘキサンによるアセトニトリル抽出物の洗浄，そして硫酸ナトリウムカラムによって水分を除去する．

vi） ガス吹付によって洗浄した抽出物を乾燥状態近くまで濃縮する．

vii） 10 mL 目盛り管中で標準体積 V_{op}（約 2 mL）に希釈する．

viii） 測定：抽出物 5 mL をガスクロマトグラフに注入し，ピーク強度 I_{op} を測定する．

ix） 約 5 μg mL^{-1} の標準試料を調製する（実際の質量濃度 C_{ref}）．

x） 調製された標準試料によるガスクロマトグラフの検量線作成：標準試料 5 μL をガスクロマトグラフに注入し，参照ピーク強度 I_{ref} を測定する．

計　算

最終試料中の質量濃度 C_{op} は，次式によって与えられる．

$$C_{op} = C_{ref} \cdot \frac{I_{op}}{I_{ref}} \quad [\mu g\ mL^{-1}]$$

バルク試料中の殺虫剤濃度 P_{op}（mg kg^{-1}）は，次式によって求められる．

$$P_{op} = \frac{C_{op} \cdot V_{op}}{Rec \cdot m_{sample}} \quad [mg\ kg^{-1}]$$

あるいは，C_{op} に最初の式を代入して次式を得る．

$$P_{op} = \frac{I_{op} \cdot C_{ref} \cdot V_{op}}{I_{ref} \cdot Rec \cdot m_{sample}} [mg\ kg^{-1}]$$

ここで，

P_{op} ：試料中の殺虫剤の質量分率[mg kg^{-1}]，

I_{op} ：試料抽出物のピーク強度，

C_{ref} ：参照標準の質量濃度[mg mL^{-1}]，

V_{op} ：抽出物の最終体積[mL]，

I_{ref} ：参照標準試料のピーク強度，

Rec ：回収率，

m_{sample} ：分析に使用した分取試料の質量[g]，である．

範　囲

本分析法は種々のパンに含まれる，0.01～2 mg kg^{-1} の化学的に類似する殺虫剤の定量に適用することができる．

A4.3 ステップ2：不確かさ要因の同定と分析

複雑な分析手順に関連する全ての不確かさ要因を同定するには，特性要因図を作成するのが一番よい．測定量の計算式中のパラメータが図の主枝で示される．分析操作(A4.2項)の各ステップを考慮し，寄与する要因の不確かさの数値がごくわずかになるまで不確かさ要因を図に加える．

試料の不均質性のパラメータは，測定量の元の計算式には含まれないが，分析法の重大な影響として現れる．このため，試料の不均質性を表す新しい枝 F_{hom} を特性要因図に加える（図A4.5）．

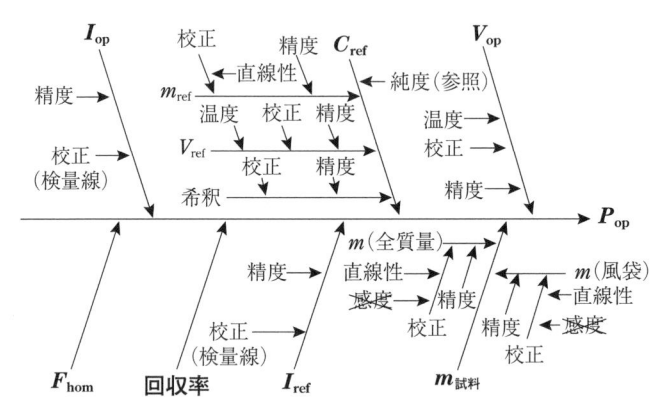

図 A4.5 試料の不均質性の枝を加えた特性要因図

最後に，試料の不均質性による不確かさの枝を測定量の計算に含めなければならない．この要因によって生じる不確かさの影響を明確に示すため，計算式は次のように書き表される．

$$P_{\text{op}} = \frac{I_{\text{op}} \cdot C_{\text{ref}} \cdot V_{\text{op}}}{I_{\text{ref}} \cdot Rec \cdot m_{\text{sample}}} \cdot F_{\text{hom}} \quad [\text{mg kg}^{-1}]$$

ここで，F_{hom} は最初の計算で1と仮定した補正係数である．このため，補正係数中の不確かさを全体の不確かさ推定に含めなければならない．最終式は，不確かさがどのように適用されるかも示す．

注記：この補正係数を用いる方法はきわめて一般的で，隠れた仮定を浮かび上がらせるのに大変有用である．原理的にどのような測定もそのような補正係数が付随しており，

通常はそれが1と仮定されている．例えば，C_{op} の不確かさは，C_{op} に対する標準不確かさか，あるいは補正係数の不確かさを表す標準不確かさで示される．後者のケースでは，その値は相対標準偏差で表された C_{op} に対する不確かさと完全に等しい．

A4.4　ステップ3：不確かさ成分の定量

7.7節の記述に従い，種々の不確かさ成分の定量には，以下に示す分析法のインハウス開発と妥当性確認試験結果を使用する．
・分析プロセス全体操作ごとの変動について得られる，最もよい推定値．
・全体のかたより（Rec）とその不確かさについて得られる，最もよい推定値．
・全体の性能試験に対し，完全に見積もられなかった影響に付随する不確かさの定量．

特性要因図のいくらかの再配列により，特性要因図の入力データの関係構築と，入力データの範囲を明らかにするのに役立つ（図A4.6）．中間精度試験によって求められる全ての影響を表すため，新たに「精度」の枝を追加する．重複測定における対試料両方の測定に同じ純粋標準物質を使うので，C_{ref} に純度の寄与は含まれない．

注記：通常の使用において，試料分析は小さなバッチで実行され，各バッチは一揃いの校正，かたよりを調整するための試料の回収率チェック，そして分析精度をチェックするためのランダムな重複測定を含んでいる．もしそれらのチェックで，妥当性確認の性能から大きな逸脱が示されたなら，是正処置をとる．この基礎的な品質管理（QC）に

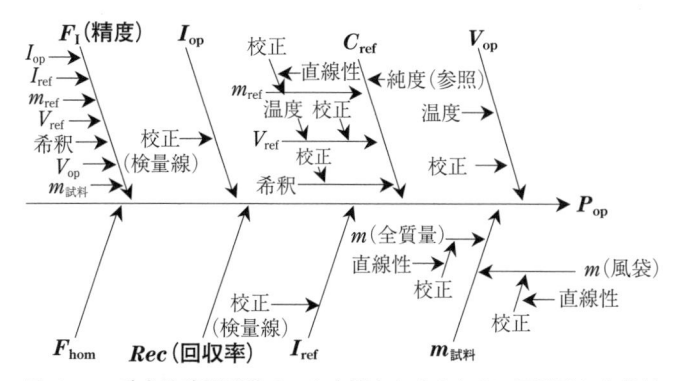

図 A4.6　妥当性確認試験データを適合させるために再配列した特性要因図

よって，ルーチン試験の不確かさ推定に妥当性確認試験データを使用するための主な必要条件が満たされる．

特性要因図に「精度」の追加影響を加えることによって，P_op を計算するための計算モデルは以下のようになる．

$$P_\text{op} = \frac{I_\text{op} \cdot C_\text{ref} \cdot V_\text{op}}{I_\text{ref} \cdot Rec \cdot m_\text{sample}} \cdot F_\text{hom} \cdot F_\text{I} \quad [\text{mg kg}^{-1}] \qquad 式(\text{A4.1})$$

ここで，F_I は中間精度の条件下における変動の影響を表す係数である．すなわち，精度は均質性のように乗法係数 F_I として扱われる．この形は，以下でわかるように，計算の便宜上から選ばれる．

今，種々の影響の評価を検討する．

1. 精度の検討

全分析操作実施ごとの変動(精度)は，種々のパン試料から検出される代表的な有機リン酸塩殺虫剤について，多数回の重複試料測定(同じように均質化した試料を完全な抽出/定量操作を 2 回別々に繰り返して実施)によって得た結果を表 A4.2 に示す．

規格化した重複試料間差データ(差を平均で割った値)は，全体操作実施ごとの変動の大きさ(中間精度)を表す．一回測定の推定相対標準不確かさを求めるため，規格化した二つの測定値の差の標準偏差*1をとり，対試料の数の平方根$\sqrt{2}$ で割る．これによって，均質性の影響を除くための操作実施ごとの回収率の変動を含む，全分析操作実施間の変動の標準不確かさ値 $0.382/\sqrt{2} = 0.27$ が得られる．

注記：重複試料の試験は，一目で十分な自由度を与えないことがわかる．しかし，これは 1 種類のパン中の 1 種類の特定殺虫剤の分析プロセスの精度を，非常に正確に求めることを目的としていない．この試験では，一般的な有機リン酸塩殺虫剤の代表的な選択を行って，広い範囲の試料(このケースでは種々のパン)と分析種レベルを試験するのがもっと重要である．これは，精度推定のため，重複試験の各試料に自由度約 1 を与えながら，多数の試料の重複試験を行うことによって最も効率よく達成される．自由度は合計 15 になる．

2. かたより試験

分析方法のかたよりは，均質にした試料を分割し，その一つに有機リン酸塩化

---

*1 訳注：表 A4.2 の「差/平均」項の標準偏差で，0.382 となる．

表 A4.2　重複殺虫剤試料の分析結果*

残留物	D1 [mg kg^{-1}]	D2 [mg kg^{-1}]	平均 [mg kg^{-1}]	差 D1−D2	差/平均
マラチオン	1.30	1.30	1.30	0.00	0.000
マラチオン	1.30	0.90	1.10	0.40	0.364
マラチオン	0.57	0.53	0.55	0.04	0.073
マラチオン	0.16	0.26	0.21	−0.10	−0.476
マラチオン	0.65	0.58	0.62	0.07	0.114
ピリミホスメチル	0.04	0.04	0.04	0.00	0.000
クロルピリホスメチル	0.08	0.09	0.085	−0.01	−0.118
ピリミホスメチル	0.02	0.02	0.02	0.00	0.000
クロルピリホスメチル	0.01	0.02	0.015	−0.01	−0.667
ピリミホスメチル	0.02	0.01	0.015	0.01	0.667
クロルピリホスメチル	0.03	0.02	0.025	0.01	0.400
クロルピリホスメチル	0.04	0.06	0.05	−0.02	−0.400
ピリミホスメチル	0.07	0.08	0.75	−0.10	−0.133
クロルピリホスメチル	0.01	0.01	0.10	0.00	0.000
ピリミホスメチル	0.06	0.03	0.045	0.03	0.667

＊：重複試料は別々に分析された．

合物をスパイクした試料を使用するインハウス妥当性確認試験を行うことによって調べた．表A4.3には，種々のスパイク試料の長期間にわたる試験結果を示す．

灰色でマークした6行目はパンに関するもので，42試料の平均回収率は90%，その相対標準偏差(s)が28%であることを示している．標準不確かさは，平均の標準偏差として次のように計算する．$u(\overline{Rec}) = 0.28/\sqrt{42} = 0.0432$．

平均回収率が1.0から大きく違っているかどうかを判断するため，スチューデントのt検定が使われる．検定統計量tは次式によって計算される．

$$t = \frac{|1 - \overline{Rec}|}{u(\overline{Rec})} = \frac{(1 - 0.9)}{0.0432} = 2.31$$

この値を，信頼水準95%における自由度$n-1$の次数に対する両側臨界値t_{crit}と比較する（nは$\overline{Rec}$の推定に使われた結果の数）．もし，tが臨界値t_{crit}よりも大きいか，あるいは等しい場合，$\overline{Rec}$は1から大きくはずれていると判定される．

表 A4.3 殺虫剤の回収率試験結果

試料	残留物の種類	濃度 [mg kg^{-1}]	n*1	平均*2 [%]	s*2 [%]
廃油	ポリ塩化ビフェニル (PCB)	10.0	8	84	9
バター	有機塩素化合物	0.65	33	109	12
複合動物餌 I	有機塩素化合物	0.325	100	90	9
動物および植物油脂 I	有機塩素化合物	0.33	34	102	24
Brassicas 1987	有機塩素化合物	0.32	32	104	18
パン	有機リン化合物	0.13	42	90	28
ラスク	有機リン化合物	0.13	30	84	27
肉と骨の餌	有機塩素化合物	0.325	8	95	12
トウモロコシグルテン餌	有機塩素化合物	0.325	9	92	9
ブドウ搾りかす餌 I	有機塩素化合物	0.325	11	89	13
小麦餌 I	有機塩素化合物	0.325	25	88	9
大豆餌 I	有機塩素化合物	0.325	13	85	19
大麦餌 I	有機塩素化合物	0.325	9	84	22

*1：実施した試験数
*2：平均回収率とその標準偏差 s を％回収率で示す．

$$t = 2.31 \geq t_{\text{crit:41}} \cong 2.01 \text{ *2}$$

この例では t 値が t_{crit} よりも大きいので，補正係数 $(1/\overline{Rec})$ が適用され，$\overline{Rec}$ は結果の計算に明確に含まれる．

3. その他の不確かさ要因

図 A4.7 の特性要因図には，① 精度データによって適切に評価される不確かさ，② 回収率データによって評価される不確かさ，③ さらに試験を行い，最終的に測定不確かさの計算に考慮しなければならないその他の要因による不確かさも示す．

全ての天秤と重要な体積測定器具は，通常の管理状態にある．試験の間，種々の全量フラスコとピペットが使われるため，精度と回収率試験では種々の体積測

---

*2 訳注：自由度 41 での両側臨界値 t_{crit} は 2.01 となる．

例A4：インハウス妥当性確認試験からの不確かさ推定　　　　111

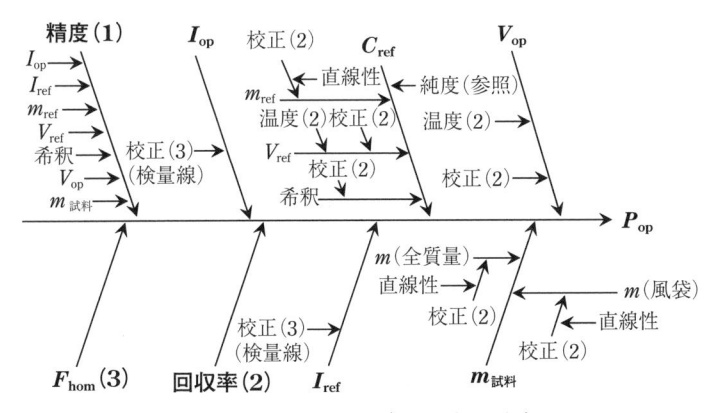

図 A4.7 その他の不確かさ要因の評価

(1) 分析操作の中間精度試験から計算された相対標準偏差を含む(式(A4.1)中のF_I)．
(2) 分析操作のかたより試験によって検討された．
(3) その他の不確かさ要因の評価の間に検討される．

定器具の校正による影響を考察する．半年以上にわたって行った広範囲な変動試験は，結果に対する環境温度の影響も評価してくれる．これにより，検討が必要な追加成分としては，標準物質の純度，ガスクロマトグラフの信号応答の可能性がある非直線性(図中 I_ref と I_op に対する「校正(検量線)」で表す)，と試料の均質性だけが残る．

参照標準の純度は，メーカーによって $99.53 \pm 0.06\%$ と与えられている．その純度は，標準不確かさとして $0.0006/\sqrt{3} = 0.00035$ (矩形分布)の追加的不確かさ要因の可能性がある．しかし，その寄与は精度の推定値に比べてごく小さく，このためこの寄与を無視しても差し支えない．

所定の濃度範囲内における関連する有機リン酸塩殺虫剤に対する応答の直線性は，妥当性確認試験の間に証明される．さらに，非直線性は表 A4.2 と表 A4.3 に示すような多層試験(multi-layer study)に加え，得られる精度にも寄与するだろう．追加割当量の必要はない．インハウス妥当性確認試験からも，その必要はないことが証明された．

小分けされたパン試料の均質性が，不確かさ要因として最後に残っている．広範囲な文献調査にも関わらず，パン製品中こん跡量の有機化合物の分布に関する文献データは見つからなかった．文献を一見して驚いたが，多くの食品分析者は

不均質性を個々に評価するよりも，均質にする方法を採っていた．均質性を直接測定するのは実際的でもない．このため，その寄与は使用したサンプリング法に基づいて推定した．

推定のため，数多くの考えられる殺虫剤残留物の分布シナリオを考察し，分析した試料に含まれる全標準不確かさの計算には，単純な2項分布を使用した（A4.6項参照）．シナリオと最終試料中の殺虫剤量について計算された標準不確かさは，次のとおりである．

・シナリオ(a)：残留物が上部表面上に分布するとした場合，わずか0.58．
・シナリオ(b)：残留物が全ての表面上に等しく分布するとした場合，わずか0.20．
・シナリオ(c)：残留物が試料に等しく分布するが，蒸発損失による減少，または表面付近での分解による減少は，0.05～0.10（「表面層」の厚さに依存）．

シナリオ(a)は，比例採取法または完全な均質化（A4.2項操作i)参照）によって得られる．これは一つの面に飾り付けるような添加（全穀物）の場合にだけ生じる．シナリオ(b)は，このためおそらく最悪のケースと考えられる．シナリオ(c)は，最も起こりそうであるが，(b)とは簡単に区別することができない．このことから，その数値として0.20が選ばれた．

注記：不均質性のモデル化のさらなる詳細は，この例の最後の節を参照のこと．

A4.5 ステップ4：合成標準不確かさの計算

分析操作の妥当性確認試験において，繰返し性(併行精度)，かたより，そしてその他の考えられる不確かさ要因が徹底的に検討された．それらの値と不確かさを表A4.4に示す．

表 **A4.4** 殺虫剤分析における不確かさ

要因	値 x	標準不確かさ $u(x)$	相対標準不確かさ $u(x)/x$	備考
精度(1)	1.0	0.27	0.27	種々の試料の重複試験
かたより(Rec)(2)	0.9	0.043	0.048	スパイクした試料
その他の要因(3)（均質性）	1.0	0.20	0.20	仮想モデルに基づく推定値
P_{op}	—	—	0.34	相対標準不確かさ

モデル式(A4.1)は完全に乗法計算であるため,相対標準不確かさは次のように合成される.

$$\frac{u_c(P_{op})}{P_{op}} = \sqrt{0.27^2 + 0.048^2 + 0.2^2} = 0.34$$

$$\Rightarrow \quad u_c(P_{op}) = 0.34 \times P_{op}$$

この例のスプレッドシートを表A4.5に示す.スプレッドシートは,名目的な殺虫剤濃度1.1111に対する不確かさの絶対値(0.377)を計算し,0.373/1.1111 = 0.34を与えていることに注意されたい.

三つの異なる寄与の相対的な大きさを,ヒストグラムによって比較する.図A4.8は,表A4.5からとった値 $|u(y, x_i)|$ を示す.

表 A4.5 殺虫剤分析の不確かさの計算

	A	B	C	D	E
1			精　度	かたより	均質性
2		値	1.0	0.9	1.0
3		不確かさ	0.27	0.043	0.2
4					
5	精　度	1.0	1.27	1.0	1.0
6	かたより	0.9	0.9	0.943	0.9
7	均質性	1.0	1.0	1.0	1.2
8					
9	P_{op}	1.1111	1.4111	1.0604	1.333
10	$u(y, x_i)$		0.30	-0.0507	0.222
11	$u(y)^2, u(y, x_i)^2$	0.1420	0.09	0.00257	0.04938
12					
13	$u(P_{op})$	0.377	(0.377/1.1111 = 0.34 相対標準不確かさ)		

C2からE2にパラメータの値を入力する.それらの標準不確かさを,その下の行(C3-E3)に与える.スプレッドシートのC2からE2を,第2列B5からB7にコピーする.それらの値を使用して得られた結果をB9(= B5×B7/B6,式(A4.1)に基づく)に示す.C5は,C2にその不確かさC3を加えた精度の値を示す.C5からC7の値を使用して得られる計算結果をC9に示す.列DとEも同じ操作に従う.第10列(C10-E10)は,第9列(C9-E9)からB9の値を差し引いた差である.第11列(C11-E11)は,第10列(C10-E10)を二乗した値で,それらの合計がB11に与えられる.B13はB11の平方根で,合成標準不確かさである.

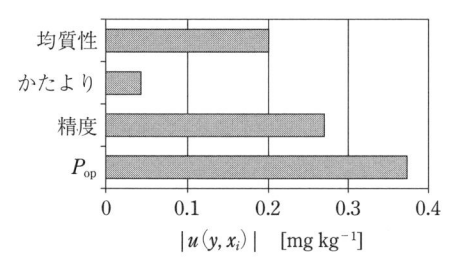

$u(y, x_i) = (\partial y/\partial x) \cdot u(x_i)$ の値は表 A4.5 からとった

図 A4.8 殺虫剤分析の不確かさ

精度は，測定不確かさに最も大きく寄与する．精度は方法全体の変動から誘導され，これを改善することを示すにはさらに実験が必要になる．例えば，試料を採る前にパンの塊全体を均質にすることにより，不確かさを大きく減少させることができる．

拡張不確かさ $U(P_{op})$ は，合成標準不確かさに包含係数2を掛けて得る．

$$U(P_{op}) = 0.34 \times P_{op} \times 2 = 0.68 \times P_{op}$$

A4.6 特別な状況：不均質性のモデル化

試料中の分析種が，その状態とは関係なく分析のために全て抽出されると仮定した場合，不均質性の最悪ケースは，試料の一部，またはいくつかの部分に全ての分析種が含まれる状況である．さらに一般的であるがこれと密接に関係するケースは，分析種濃度 L_1 と L_2 の二つの濃度レベルが試料全体中の別の部分に存在する場合である．ランダムなサブサンプリング（subsampling）[*3]によるそのような不均質性の影響は，2項分布統計を使用して推定することができる．必要な値は，分離後ランダムに選ばれる n 個の等しく分けられた分画（portion）中の目的物質量の平均 μ とその標準偏差 σ である．

それらの値は次式によって与えられる．

$$\mu = n \cdot (p_1 l_1 + p_2 l_2) \Rightarrow$$
$$\mu = n p_1 \cdot (l_1 - l_2) + n l_2 \quad [1]$$

[*3] 訳注：試料の一部を分取し，均質化後縮分して分析用試料を得る一連のサンプリング操作である．

例A4：インハウス妥当性確認試験からの不確かさ推定

$$\sigma^2 = np_1 \cdot (1-p_1) \cdot (l_1 - l_2)^2 \quad [2]$$

ここでl_1とl_2は，全体量Xの濃度をそれぞれL_1とL_2を含む試料の領域から分取した分画中の物質量で，p_1とp_2はそれらの領域から分画が分取される確率である（nは選択される分画の全数に比べ小さくなければならない）．

上に示す前提は次のようにして計算した．一般的なパンの塊は約$12 \times 12 \times 24$ cmの大きさで，その$2 \times 2 \times 2$ cmの大きさの分画（全体で432個）を使い，その15個（$n = 15$）がランダムに選ばれ，均質にされたと仮定する．

シナリオ(a)

目的物質は，試料上部の一つの大きな表面にのみ存在する．このためL_2はl_2と同様にゼロ（$L_2 = l_2 = 0$），そして$L_1 = 1$である．上面部を含む各分画は，目的物質の量l_1を含むだろう．上記の方法から，6個の分画に1個はl_1を含むことになるから，6分の1の分画（2/12）[*4]は明らかに基準を満たし，このためp_1は1/6または0.167（$p_1 = 0.167$），そしてl_1は$X/72$（つまり72個の上面部がある，$l_1 = X/72$）である．

これにより次のようになる．

$$\mu = 15 \times 0.167 \times l_1$$
$$\sigma^2 = 15 \times 0.167 \times (1 - 0.167) \times l_1^2 = 2.08 \cdot l_1^2$$
$$\Rightarrow \quad \sigma = \sqrt{2.08 \cdot l_1^2} = 1.44 \cdot l_1$$
$$\Rightarrow \quad RSD = \frac{\sigma}{\mu} = 0.58$$

注記：試料全体の濃度Xを計算するため，μに432/15を掛け，Xの平均推定値を次のように与える．

$$X = \frac{432}{15} \times \mu = 28.8 \times (15 \times 0.167 \times l_1) = 72 \times l_1 = 72 \times \frac{X}{72} = X \quad \text{[*5]}$$

この結果は，ランダム・サンプリングに特有なもので，平均の期待値はまさに母集団の平均である．ランダム・サンプリングに対し，σまたはRSDで表したサンプリング間の変動（ここではRSDで表した）以外は全体の不確かさに寄与しない．

[*4] 訳注：2 cm角に切り分けたので表面を含む分画は，高さは12cmのパンの最上部2 cmのところだけとなるので，2/12となる．

[*5] 訳注：式をわかりやすく書き直した．

シナリオ(b)

目的物質はパンの表面全体に分布する．全ての表面が目的物質の同じ量 l_1 を含み，l_2 はここでもゼロ ($l_2 = 0$)，そして p_1 は上のケースと同じ方法を使い，同じ根拠と仮定に従い次式が与えられる．

$$p_1 = \frac{(12 \times 12 \times 24) - (8 \times 8 \times 20)}{(12 \times 12 \times 24)} = 0.63$$

すなわち，p_1 は「外側」2 cm 中の試料の割合である．同じ仮定を使用し，$l_1 = X/272$ [*6] となる．

注記：シナリオ(a)から値の変更．

これによって，次式が与えられる．

$$\mu = 15 \times 0.63 \times l_1 = 9.5 \cdot l_1$$
$$\sigma^2 = 15 \times 0.63 \times (1 - 0.63) \times l_1^2 = 3.5 \cdot l_1^2$$
$$\Rightarrow \quad \sigma = \sqrt{3.5 \cdot l_1^2} = 1.87 \cdot l_1$$
$$\Rightarrow \quad RSD = \frac{\sigma}{\mu} = 0.2$$

シナリオ(c)

表面付近の目的物質量が，蒸発またはその他の喪失によってゼロに減少する．この場合は $p_1 = 0.37$，そして $l_1 = X/160$ とするシナリオ(b)の逆の場合として考察することにより，最も簡単に調べることができる．これによって次式が与えられる．

$$\mu = 15 \times 0.37 \times l_1 = 5.6 \cdot l_1$$
$$\sigma^2 = 15 \times 0.37 \times (1 - 0.37) \times l_1^2 = 3.5 \cdot l_1^2$$
$$\Rightarrow \quad \sigma = \sqrt{3.5 \times l_1^2} = 1.87 \cdot l_1$$
$$\Rightarrow \quad RSD = \frac{\sigma}{\mu} = 0.33$$

しかし，もし目的物質の喪失が，外側の分画の大きさ (2 cm) よりも浅い場所にまで広がるとすると，予想されるように各分画はいくらかの目的物質 l_1 と l_2

[*6] 訳注：272 は，表面から 2 cm の部分が取り除かれた分画の個数で以下の計算によって求められる．

$$\left(\frac{12 \times 12 \times 24}{2 \times 2 \times 2}\right) - \left(\frac{8 \times 8 \times 20}{2 \times 2 \times 2}\right) = 272$$

例A4：インハウス妥当性確認試験からの不確かさ推定　　　117

を含むことになり，このため両方ともゼロではなくなる．全ての外側の分画は，「中心」50％，「外側」50％を含むとすることにより，以下の関係が得られる[*7]．

$$l_1 = 2 \times l_2 \Rightarrow l_1 = \frac{X}{296}$$

$$\mu = 15 \times 0.37 \times (l_1 - l_2) + 15 \times l_2$$
$$= 15 \times 0.37 \times (2l_2 - l_2) + 15l_2$$
$$= 15 \times 0.37 \times l_2 + 15l_2$$
$$= 20.6 l_2$$

$$\sigma^2 = 15 \times 0.37 \times (1 - 0.37) \times (l_1 - l_2)^2$$
$$= 5.55 \times 0.63 \times (2l_2 - l_2)^2$$
$$= 3.5 \times l_2^2$$

$$\sigma = \sqrt{3.5 \cdot l_2^2} = 1.87 \cdot l_2$$

これにより，$RSD(\sigma/\mu)$は $1.87/20.6 = 0.09$ となる．

このモデルでは，これは物質が喪失する，1 cm の深さに相当する．代表的なパンの試験で，パンの皮の厚さは通常 1 cm またはそれ以下を示す．これを目的物質が喪失する深さ（皮の生成それ自身によってこの厚さより深いところまで失われることは防げる）とすることによって，シナリオ(c)の現実的な確率変数は，上に示す 0.09 ではない σ/μ 値を与えることになる．

注記：この場合，不均質性は均質化のためにとられる分画よりも小さな規模であるため，不確かさが減少する．一般に，不確かさの寄与が減少されることになる．多数の小さな内包物（パンの塊全体に含まれる（穀物）が，過度の量の目的物質を含むような場合には，さらにモデル化する必要はない．そのような内包物が均質化のためにとられる分画に取り込まれる確率が十分に大きいなら，不確かさへの寄与は上記のシナリオの中ですでに計算されたいかなる数値より大きくなることはない．

[*7] 訳注：ここでは，外側の分画の半分は中心部と同じ濃度で，残りの半分は喪失されるとしている．このため，中心部の濃度 l_1 の分画の数 $l_1 = 160 + (272/2) = 296$ となる．また，外側の分画の濃度 l_2 は中心部の濃度 l_1 の 1/2 となっている．

例 A5：原子吸光光度法による陶磁器から溶出するカドミウムの定量

要　約

目　標

陶磁器から溶出するカドミウム量を，原子吸光光度法によって定量する．使用する手順は，Council Directive 84/500/EEC に従う，操作法を規定する条件規定分析法 BS 6748 である．

測定手順

陶磁器から溶出するカドミウム定量手順のフローチャートを図 A5.1 に示す．

測定量

測定量は，BS 6748 に従った単位面積あたりに溶出されるカドミウム質量で，特定の試験種目に

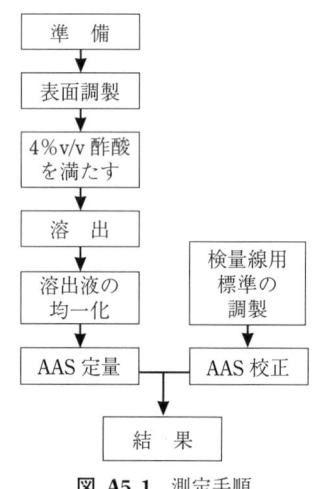

図 A5.1 測定手順

表 A5.1 溶出性カドミウム定量のパラメータと不確かさ

記号	パラメータ	値 x	標準不確かさ $u(x)$	相対標準不確かさ $u(x)/x$
c_0	溶出液中のカドミウム濃度	0.26 mg L^{-1}	0.018 mg L^{-1}	0.069
d	希釈係数（もしあれば）	1.0*	0*	0*
V_L	溶出液の体積	0.332 L	0.0018 L	0.0055
a_V	容器の表面積	5.73 dm^2	0.19 dm^2	0.033
f_{acid}	酸濃度の影響	1.0	0.0008	0.0008
f_{time}	継続時間の影響	1.0	0.001	0.001
f_{temp}	温度の影響	1.0	0.06	0.06
r	単位面積あたりのカドミウム溶出量	0.015 mg dm^{-2}	0.0014 mg dm^{-2}	0.092

＊：ここで示した例では溶出液を希釈しないため，d は 1.0 である．

例 A5：原子吸光光度法による陶磁器から溶出するカドミウムの定量　　　　119

対する測定量は次式から計算される．

$$r = \frac{C_0 \cdot V_L}{a_V} \cdot d \cdot f_{\text{acid}} \cdot f_{\text{time}} \cdot f_{\text{temp}} \quad [\text{mg dm}^{-2}]$$

定量法のパラメータとそれらの不確かさを表 A5.1 に示す．

不確かさ要因の同定

関連する不確かさ要因を図 A5.2 の特性要因図に示す．

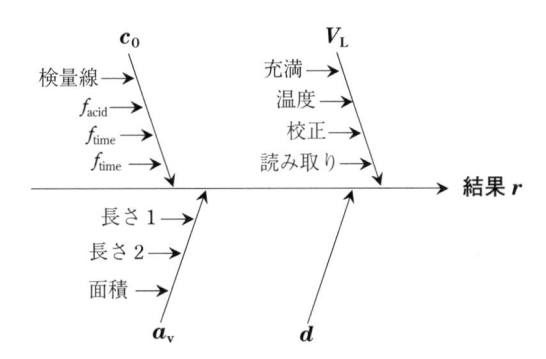

図 **A5.2**　溶出性カドミウム定量の特性要因図

不確かさ要因の定量

種々の不確かさ要因の寄与を表 A5.1 と図 A5.3 に示す．

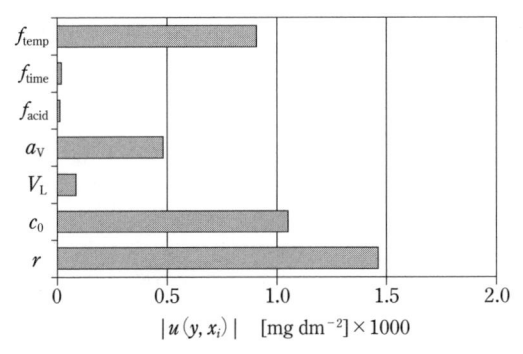

$u(y, x_i) = (\partial y/\partial x) \cdot u(x_i)$ の値は表 A5.4 からとった．

図 **A5.3**　溶出性カドミウム定量の不確かさ

例 A5：原子吸光光度法による陶磁器から溶出するカドミウムの定量 詳 細 検 討

A5.1 まえがき

この例では，条件規定分析法の不確かさ評価を紹介する．この例は Council Directive 84/500/EEC に従う，BS 6748 による「カテゴリ 1」品目の陶磁器から溶出する金属の定量である．この分析法は，陶磁器表面から 4%v/v 酢酸水溶液に溶出する鉛，またはカドミウム量を原子吸光光度法(AAS)によって定量するために使われる．この分析法によって得られる結果は，同じ方法によって得られる結果とだけ比較することができる．

A5.2 ステップ 1：測定量の明細

本分析法は，英国標準の BS 6748：1986「陶磁器，ガラス食器，ガラスセラミック食器，およびほうろう製品から金属の溶出基準」であり，これが測定量の明記となる．ここでは一般的な点だけを示す．

A5.2.1 装置および試薬の仕様

不確かさの検討に影響する試薬を以下に示す．
・4%v/v 酢酸水溶液：氷酢酸 40 mL を水で希釈し，1 L にする．
・鉛標準溶液：1000 ± 1 mg L^{-1} の 4%v/v 酢酸水溶液．
・カドミウム標準溶液：500 ± 0.5 mg L^{-1} の 4%v/v 酢酸水溶液．

実験用ガラス器具は，少なくとも B クラスの品質が必要で，試験操作によって 4%v/v 酢酸に検出される濃度の鉛とカドミウムが溶出してはいけない．原子吸光光度計は，鉛とカドミウムの検出限界がそれぞれ 0.2 mg L^{-1} と 0.02 mg L^{-1} 以下のものを使用する．

A5.2.2 測定手順

全般的な測定手順を図 A5.4 に示す．不確かさの推定に影響する仕様を以下に示す．

i) 試料を 22 ± 2℃ に調整する．必要に応じ，（この例では「カテゴリ 1」の品物の）表面積を測定する．この例では，表面積 5.73 dm^2 の値が得られた

例A5：原子吸光光度法による陶磁器から溶出するカドミウムの定量　　　　121

　（表A5.1と表A5.3はこの例の実測値を含む）．

ii）適切な状態に調製された試料に，22±2℃で，4%v/v酢酸水溶液を，溢れ出す面から1mm以内の高さに満たす．これは，試料の上側の縁から測定するか，あるいは平らまたは傾斜した縁の試料の最上端の縁から6mm以内の高さである．

iii）必要とされる，または使用される4%v/v酢酸水溶液の量を，±2%の正確さで記録する（この例では，332 mLが使用された）．

iv）試料は蒸発損失を防ぐための予防処置をして，22±2℃で24時間(もしカドミウムを定量するなら暗所に)放置する．

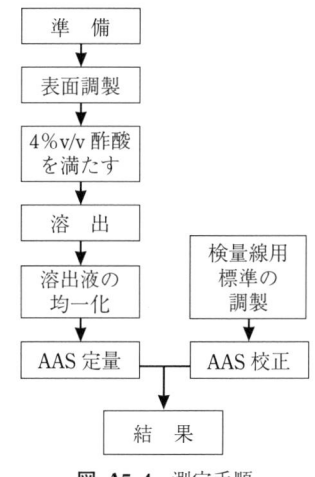

図 A5.4　測定手順

v）放置後，水溶液を均質にするため十分に撹拌し，溶出液を取り除く．必要に応じ d 倍に希釈し，原子吸光光度法で定量する．測定には適切な波長を選び，この例では最小二乗法によって作成した検量線を使用する．

vi）結果を計算し(以下を参照)，溶出液全体積あたりの鉛，および／またはカドミウム量として報告する．カテゴリ1の品物に対しては，表面積(dm^2)あたりの鉛，またはカドミウム質量(mg)で表し，カテゴリ2と3の品物に対しては体積(リットル)あたりの鉛，またはカドミウムの質量(mg)で表す．

A5.3　ステップ2：不確かさ要因の同定と分析

　ステップ1では，「条件規定分析法」について記述した．もし条件規定分析法が定義された適用範囲内で使われるなら，方法のかたよりはゼロと定義されている．このため，かたよりの推定は方法固有のかたよりに対するものではなく，試験所の能力に関係する．この標準化された方法のための認証標準物質が得られないため，かたよりの全体的な管理は，結果に影響する方法のパラメータの管理に関係する．影響するパラメータは，時間，温度，体積等である．

　希釈後の酢酸水溶液中の鉛またはカドミウム濃度 c_0 は，原子吸光光度法と次式による計算によって定量される．

付録 A. 不確かさの評価例

$$c_0 = \frac{(A_0 - B_0)}{B_1} \quad [\mathrm{mg\ L^{-1}}]$$

ここで，

- c_0 ：溶出液中の鉛またはカドミウム濃度，
- A_0 ：試料溶出液中の金属の吸光度，
- B_0 ：検量線の切片，
- B_1 ：検量線の傾き，である．

カテゴリ1の品目に対し，条件規定分析法は単位面積あたりに溶出する鉛，またはカドミウムの質量 r で結果を表すことを求めている．r は次式によって与えられる．

$$r = \frac{c_0 \cdot V_\mathrm{L}}{a_\mathrm{V}} \cdot d = \frac{V_\mathrm{L} \cdot (A_0 - B_0)}{a_\mathrm{V} \cdot B_1} \cdot d \quad [\mathrm{mg\ dm^{-2}}]$$

ここで，追加パラメータは次のとおりである．

- r ：単位面積あたりに溶出するカドミウムまたは鉛質量 $[\mathrm{mg\ dm^{-2}}]$，
- V_L ：溶出液の体積 $[\mathrm{L}]$，
- a_V ：液体が接触する表面積 $[\mathrm{dm^2}]$，
- d ：試料の希釈係数

上記測定量の計算式の左側部分から基本的な特性要因図を作成する（図 A5.5）．

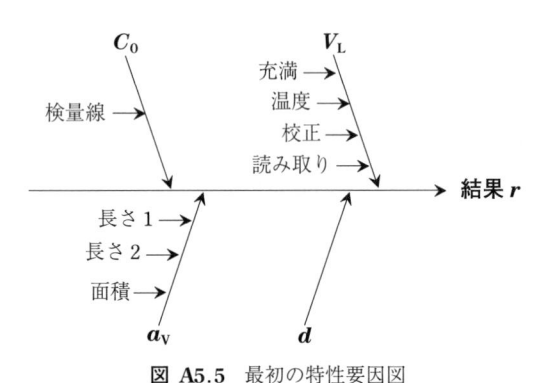

図 A5.5 最初の特性要因図

この条件規定分析法のために，試験所の能力を評価する認証標準物質はない．このため，温度，溶出時間，酸濃度等のような可能性のある全ての影響量を考慮

例 A5：原子吸光光度法による陶磁器から溶出するカドミウムの定量

しなければならない．追加の影響量を与えるため，式にはそれぞれの補正係数が追加され，次のようになる．

$$r = \frac{c_0 \cdot V_L}{a_V} \cdot d \cdot f_{acid} \cdot f_{time} \cdot f_{temp} \quad [\mathrm{mg\ dm^{-2}}]$$

それらの追加係数は，c_0 に影響する要因として，特性要因図にも含められる（図 A5.6）．

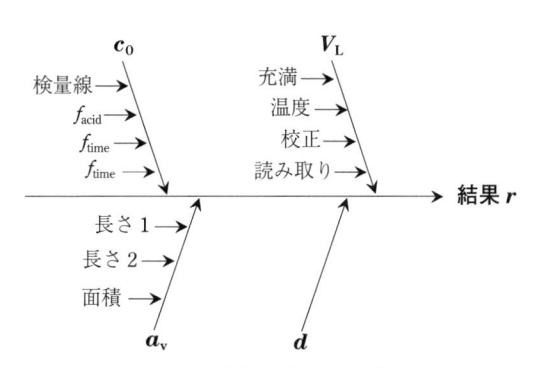

図 A5.6 補正係数が追加された特性要因図

注記：規格による温度の許容範囲は，測定量の十分でない明細の結果として生ずる不確かさの例である．温度の影響を考慮することにより，条件規定分析法に適合しながら，かつ実際に可能な報告される測定結果の範囲の推定をもたらす．適用範囲内の異なる操作温度によって生ずる測定結果の変動は，仕様に従って得られた代表的な結果と同じかたよりであると正当に説明することができないことに特に注意する必要がある．

A5.4　ステップ3：不確かさ要因の定量

このステップの目的は，これまでに同定された各要因の不確かさを定量することである．これは実験データを使用するか，あるいは仮定に基づくかのどちらかによって行う．

<u>希釈係数　d</u>

この例では，溶出液を希釈する必要がなく，この不確かさを見積もる必要がない．

<u>体積　V_L</u>

　充満：この条件規定分析法では，容器の「縁から1 mm 以内に」，あるいは傾

いた縁の浅い品物では，縁から 6 mm 以内に溶液を満たすことが求められている．一般的なほぼ円筒状の飲用または台所器具で，1 mm は容器の高さの約 1% である．このため，容器は 99.5±0.5% が満たされることになる（すなわち，V_L は容器容積のおおよそ 0.995±0.005 である）．

温度：酢酸の温度は，22±2℃ に保たなければならない．液体の膨張は容器よりも大きいため，この温度範囲では測定される体積の不確かさが導かれる．体積 332 mL の標準不確かさは，矩形温度分布の仮定によって次のようになる．

$$\frac{2.1 \times 10^{-4} \times 332 \times 2}{\sqrt{3}} = 0.08 \text{ mL}$$

体積の読み取り：使用した体積 V_L は 2% 以内で記録されるが，実際にはメスシリンダーの使用によって約 1% の不確かさ（すなわち $0.01\,V_L$）になる．標準不確かさは，三角分布と仮定して計算する．

校正：メーカーの仕様に従い，体積が 500 mL のメスフラスコに対して ±2.5 mL の範囲内で校正される．標準不確かさは，三角分布と仮定して計算する．

この例では 332 mL の体積を使うので，四つの不確かさ成分を合成する．

$$u(V_L) = \sqrt{\left(\frac{0.005 \times 332}{\sqrt{6}}\right)^2 + (0.08)^2 + \left(\frac{0.01 \times 332}{\sqrt{6}}\right)^2 + \left(\frac{2.5}{\sqrt{6}}\right)^2} = 1.83 \text{ mL} \ \text{*1}$$

カドミウム濃度 c_0

溶出するカドミウム量は，手動で作成した検量線を使用して計算する．この目的のため，カドミウムの参照標準溶液（500±0.5 mg L^{-1}）から，カドミウム濃度が 0.1 mg L^{-1}，0.3 mg L^{-1}，0.5 mg L^{-1}，0.7 mg L^{-1}，0.9 mg L^{-1} の 5 個の校正標準試料を調製する．横軸の値の不確かさは縦軸のものに比べてかなり小さいと仮定し，線形最小二乗フィッティングを使う．このため，c_0 に対する通常の不確かさ計算方法には，吸光度のランダム変動（random variation）の不確かさだけが反映され，校正標準の不確かさや，同じ保存溶液からの連続希釈によって導入される避けることのできない相関関係は反映されない．もし必要なら，付録 E.3 は参照値の不確かさの取扱いに参考になる．しかしこのケースでは，校正標準の不確かさが無視できるほど十分に小さい．

5 個の校正標準をそれぞれ 3 回ずつ測定した結果を表 A5.2 に示す．

---

*1 訳注：本文に記述はないが，充満の不確かさは三角分布と仮定されている．

例 A5：原子吸光光度法による陶磁器から溶出するカドミウムの定量　　　　　　125

検量線は次式で与えられる．

表 A5.2　検量線の測定結果

濃度 [mg L^{-1}]	吸光度(繰り返し)		
	1	2	3
0.1	0.028	0.029	0.029
0.3	0.084	0.083	0.081
0.5	0.135	0.131	0.133
0.7	0.180	0.181	0.183
0.9	0.215	0.230	0.216

$$A_i = c_i \cdot B_1 + B_0 + e_i$$

ここで，

A_i　：i 番目測定の吸光度，

c_i　：i 番目の吸光度測定に対応する校正標準の濃度，

B_1　：傾き，

B_0　：切片，

e_i　：残差(residual error)，である．

最小二乗フィッティング結果を以下に示す．

	値	標準偏差
B_1	0.2410	0.0050
B_0	0.0087	0.0029

相関係数 r は 0.997 であった．フィッティングによって得られた検量線を図 A5.7 に示す．残差標準偏差(residual standard deviation) S は，0.005 486 であった．図はわずかに曲線の兆候がみられるが，線形モデルと残差標準偏差はこの目的に対して十分であるとみなされた．

　実際の溶出溶液の測定は 2 回行われ，c_0 として 0.26 mg L^{-1} の濃度を得た．線形最小二乗フィッティング操作に付随する不確かさ $u(c_0)$ の計算は，付録 E.4 に詳しく述べる．このため，ここには別の計算法を簡単に示す．

　$u(c_0)$ は次式によって与えられる．

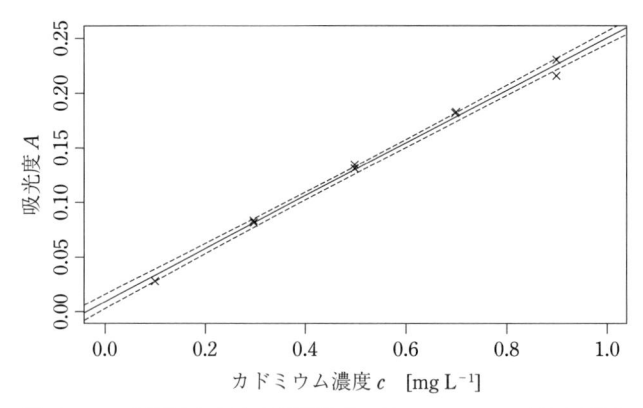

図 A5.7 2回測定に対する線形最小二乗フィッティングと不確かさの幅
点線は直線の95％信頼区間を表す.

$$u(c_0) = \frac{S}{B_1}\sqrt{\frac{1}{p} + \frac{1}{n} + \frac{(c_0 - \bar{c})^2}{S_{xx}}} = \frac{0.005\,486}{0.241}\sqrt{\frac{1}{2} + \frac{1}{15} + \frac{(0.26 - 0.5)^2}{1.2}}$$

$$\Rightarrow \quad u(c_0) = 0.018 \text{ mg L}^{-1}$$

その残差標準偏差 S は次式で与えられる.

$$S = \sqrt{\frac{\sum_{j=1}^{n}[A_j - (B_0 + B_1 \cdot c_j)]^2}{n-2}} = 0.005\,486 \text{ mg L}^{-1}$$

そして

$$S_{xx} = \sum_{j=1}^{n}(c_1 - \bar{c})^2 = 1.2\,(\text{mg L}^{-1})^2$$

ここで,

B_1 ：傾き,

p ：c_0 を定量するための測定数,

n ：校正のための測定数,

c_0 ：溶出液中のカドミウムの定量値,

$\bar{c}$ ：種々の校正標準の平均値（n 回の測定）,

i ：校正標準の番号,

j ：検量線を作成するための測定番号，である.

面積 a_V

長さ測定：Directive 84/500/EEC に従い，カテゴリ 1 の品目の表面積は，上述のように液体を満たした時に形成される液体のメニスカスの面積を利用する．試料容器の全表面積 a_V は，測定された直径 $d=2.70\,\mathrm{dm}$ から，$a_V = \pi d^2/4 = 3.142 \times 2.70^2/4 = 5.73\,\mathrm{dm}^2$ と計算された[*2]．品目がほぼ円形であるが，完全なものではないため，測定は 95%信頼水準で 2 mm 内であると推定された．これを，95%信頼水準の数値 1.96 で割り，1 mm の値を与える．面積計算は直径 d の二乗を含むため，合成不確かさは 8.2.6 項の単純ルールの適用では得られない．それに代わり，8.2.2 項の方法を適用し，d 中の不確かさから生じる全面積の標準不確かさを求める必要がある．Kragten の方法(付録 E.2)を使用することにより，d の不確かさから生じる a_V の標準不確かさとして $0.042\,\mathrm{dm}^2$ が得られる．

面積推定における形状の影響：品目は完全な幾何学的形状をもっていないため，それによる面積計算の不確かさがある．この例では，信頼水準 95%において，5%の追加寄与が推定され，それは面積の標準偏差として $5.73 \times 0.05/1.96 = 0.146\,\mathrm{dm}^2$ になる．

それら二つの不確かさの寄与は，次式のように合成される．

$$u(a_V) = \sqrt{0.042^2 + 0.146^2} = 0.19\,\mathrm{dm}^2$$

温度の影響 f_{temp}

陶器からの金属溶出に対する温度の影響は，数多くの研究例がある[1-5]．一般に，温度の影響はかなり大きく，温度によって限界値に達するまでほぼ指数関数的に増大して溶出することが観察されている．一研究[1]で，20~25℃の範囲における影響のデータを報告している．25℃付近の温度における金属溶出の変化はほぼ直線的で，その傾斜は約 5%℃$^{-1}$ と測定されている．条件規定分析法によって許容される範囲 ±2℃ に対し，補正係数 f_{temp} として 1 ± 0.1 を導いている．これを矩形分布と仮定して標準不確かさに変換すると次のようになる．

$$u(f_{\text{temp}}) = 0.1/\sqrt{3} = 0.06$$

時間の影響 f_{time}

溶出のようなゆっくりしたプロセスに対し，その溶出量は時間の小さな変化にほぼ比例する．Krintz と Franco は，溶出の最後の 6 時間内の平均濃度変化は 86

[*2] 訳注：原文では計算式が間違っていたので，訂正した．

mg L^{-1} のうち約 1.8 mg L^{-1}, すなわち約 0.3% h^{-1} に相当することを報告した[1]. このため, 24±0.5 時間に対し, c_0 は補正係数 f_{time} が 1±(0.5×0.003) = 1±0.0015 で補正する必要がある. これは, 矩形分布によって標準不確かさが得られる.

$$u(f_{time}) = 0.0015/\sqrt{3} \cong 0.001$$

酸濃度 f_{acid}

鉛溶出に対する酸濃度の影響に関する一つの研究で, 酸濃度が 4%v/v から 5%v/v への増大によって特定の陶器から 92.9～101.9 mg L^{-1} の鉛が溶出されることが示された. つまり, f_{acid} の変化は, (101.9 − 92.9)/92.9 = 0.097, またはほぼ 0.1 となる. 高温による溶出法を利用する他の研究でもほぼ同じ程度の結果が示され, 2%v/v から 6%v/v への変化で, 鉛の溶出量変化は 50% であった[3]. この効果は酸濃度に対してほぼ直線的に変化し, f_{acid} の推定変化は酸濃度の変化あたり約 0.1/%v/v であった. 別の実験において, 濃度とその標準不確かさは, 標定した NaOH による滴定法によって(3.996%v/v, u = 0.008%v/v)が証明された. 酸濃度の不確かさ 0.008%v/v をとり, f_{acid} の不確かさに対し, 0.008×0.1 = 0.0008 の値が提案された. 酸濃度の不確かさは, すでに標準不確かさで示されているので, この値は f_{acid} に付随する不確かさとして直接使うことができる.

注記：原則として, 上記の一つの研究の値が全ての陶器を十分に代表するという仮定で求められた不確かさに対し, 補正が必要であるかもしれない. しかし, 示された値は妥当な大きさの不確かさ推定値である.

A5.5　ステップ 4：合成標準不確かさの計算

溶出液は希釈されないと仮定すると, 単位面積あたりの溶出カドミウム量は次式で与えられる.

$$r = \frac{c_0 \cdot V_L}{a_V} \cdot f_{acid} \cdot f_{time} \cdot f_{temp} \quad [\text{mg dm}^{-2}]$$

計算のパラメータ値とそれらの標準不確かさを表 A5.3 に示す. 表の値を使用して r を計算する.

$$r = \frac{0.26 \times 0.332}{5.73} \times 1.0 \times 1.0 \times 1.0 = 0.015 \text{ mg dm}^{-2}$$

例A5：原子吸光光度法による陶磁器から溶出するカドミウムの定量

表 A5.3 溶出するカドミウム定量のためのパラメータ値と不確かさ

記号	内容	値 x	標準不確かさ $u(x)$	相対標準不確かさ $u(x)/x$
c_0	溶出液中のカドミウム濃度	0.26 mg L^{-1}	0.018 mg L^{-1}	0.069
V_L	溶出液の体積	0.332 L	0.0018 L	0.0055
a_V	容器の表面積	5.73 dm^2	0.19 dm^2	0.033
f_{acid}	酸濃度の影響	1.0	0.0008	0.0008
f_{time}	継続時間の影響	1.0	0.001	0.001
f_{temp}	温度の影響	1.0	0.06	0.06

各成分の標準不確かさを乗法式で計算し，合成標準不確かさを求める．

$$\frac{u_c(r)}{r} = \sqrt{\left(\frac{u(c_0)}{c_0}\right)^2 + \left(\frac{u(V_L)}{V_L}\right)^2 + \left(\frac{u(a_V)}{a_V}\right)^2 + \left(\frac{u(f_{acid})}{f_{acid}}\right)^2 + \left(\frac{u(f_{time})}{f_{time}}\right)^2 + \left(\frac{u(f_{temp})}{f_{temp}}\right)^2}$$

$$= \sqrt{0.069^2 + 0.0055^2 + 0.033^2 + 0.0008^2 + 0.001^2 + 0.06^2}$$

$$= 0.097$$

$$\Rightarrow u_c(r) = 0.097r = 0.0015 \text{ mg dm}^{-2}$$

スプレッドシートによる合成標準不確かさの計算結果を表A5.4に示す．その計算法は付録Eに記述する．種々のパラメータの寄与と測定不確かさに影響する量を図A5.8に示す．ここでは，合成標準不確かさ(B16)に対する各寄与の大きさ(表A5.4中のC13：H13)を比較した．

拡張不確かさ$U(r)$は，包含係数2を掛けて得る．

$$U(r) = 0.0015 \times 2 = 0.003 \text{ mg dm}^{-2}$$

BS 6748：1986によって測定されたカドミウムの溶出量は，次のとおりである．

$$(0.015 \pm 0.003) \text{ mg dm}^{-2}$$

報告された不確かさは，包含係数2を使って計算されたものである．

130　付録A．不確かさの評価例

表 A5.4　溶出するカドミウムの定量における不確かさ計算のスプレッドシート

	A	B	C	D	E	F	G	H
1			c_0	V_L	a_V	f_{acid}	f_{time}	f_{temp}
2		値	0.26	0.332	5.73	1.0	1.0	1.0
3		不確かさ	0.018	0.0018	0.27	0.0008	0.001	0.06
4								
5	c_0	0.26	0.278	0.26	0.26	0.26	0.26	0.26
6	V_L	0.332	0.332	0.338	0.332	0.332	0.332	0.332
7	a_V	5.73	5.73	5.73	5.92	5.73	5.73	5.73
8	f_{acid}	1.0	1.0	1.0	1.0	1.0008	1.0	1.0
9	f_{time}	1.0	1.0	1.0	1.0	1.0	1.001	1.0
10	f_{temp}	1.0	1.0	1.0	1.0	1.0	1.0	1.06
11								
12	r	0.015 065	0.016 108	0.015 146	0.014 581	0.015 077	0.015 080	0.015 968
13	$u(y, x_i)$		0.001 043	0.000 082	−0.000 483	0.000 012	0.000 015	0.000 904
14	$u(y)^2, u(y, x_i)^2$	2.15E−06	1.09E−06	6.67E−09	2.34E−07	1.45E−10	2.27E−10	8.17E−07
15								
16	$u_c(r)$	0.001 465						

パラメータ値を C2 − H2 に，そしてそれらの標準不確かさをその下の C3 − H3 に入力する．スプレッドシート C2 − H2 の値を第2列の B5 − B10 にコピーする．それらの値を使用して計算した結果(r)を B12 に与える．C5 は C2 の c_0 の値に C3 の不確かさを加えた値を示す．C5 − C10 の値を使用した計算結果を，C12 に示す．D から H 列も同様の操作をする．第 13 行 (C13 − H13) は，C12 − H12 行の値から B12 の値を差し引いた差 (符号付) を示す．第 14 行 (C14 − H14) は第 13 行 (C13 − H13) を二乗した値で，それらの合計を B14 に示す．B16 は B14 の平方根で，合成標準不確かさである．

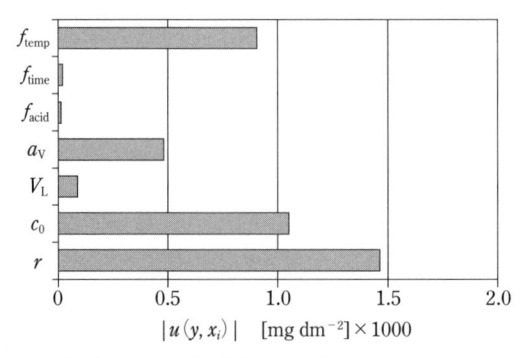

$u(y, x_i) = (\partial y/\partial x) \cdot u(x_i)$ の値は表 A5.4 からとった．

図 A5.8　溶出するカドミウムの定量における不確かさ

A5.6　例A5の参考文献

1) B. Krinitz, V. Franco, *J. AOAC*, **56**, 869-875(1973).
2) K. Krinitz, *J. AOAC*, **61**, 1124-1129(1978).
3) J. H. Gould, S. W. Butler, K. W. Boyer, E. A. Stelle, *J. BOAC*, **66**, 610-619 (1983).
4) T. D. Seht, S. Sircar, M. Z. Hasan, *Bull. Environ. Contam. Toxicol.*, **10**, 51-56 (1973).
5) J. H. Gould, S. W. Bulter, E. A. Steele, *J. AOAC*, **66**, 1112-1116(1983).

例 A6：家畜飼料中の粗繊維の定量

要　約

目　標

規制のための標準分析法によって，家畜飼料中の粗繊維を定量する．

測定手順

図 A6.1 に標準化された測定手順の概要を示す．それらの操作は，ブランク補正値を求めるため，ブランク試料に対しても適用される．

測定量

パーセントで表す試料中の繊維含量 C_{fibre} は，次式から求める．

$$C_{\text{fibre}} = \frac{(b-c) \times 100}{a}$$

ここで，

　a：試料の質量(g)，約 1 g，
　b：定量操作における，灰化後の質量損失(g)，
　c：ブランク操作における，灰化後の質量損失(g)，である．

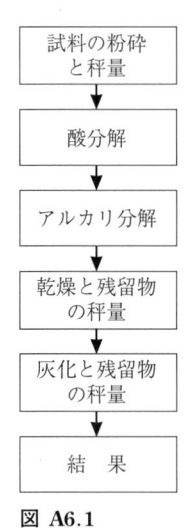

図 A6.1
測定手順

不確かさ要因の同定

図 A6.3 と図 A6.4 に特性要因図を示す．

不確かさ成分の定量

本法は共同実験の再現性データを完全に正当化して，インハウスで実施されたことを試験所の試験が示した．一般的に，重大な不確かさの寄与はない．低レベル試料では，使用した特定の乾燥操作に対する割当量を追加する必要がある．代表的な不確かさの推定結果を表 A6.1 に示す．

例 A6：家畜飼料中の粗繊維の定量　　133

表 **A6.1**　合成標準不確かさ

繊維含量 (%m/m)*	標準不確かさ $u_c(C_{\text{fibre}})$(%m/m)*	相対標準不確かさ $u_c(C_{\text{fibre}})/C_{\text{fibre}}$
2.5	$\sqrt{0.29^2+0.115^2}=0.31$	0.12
5	0.4	0.08
10	0.6	0.06

* 訳注：繊維含量の単位 %m/m は，質量分率のパーセント値である．

例 A6：家畜飼料中の粗繊維の定量

詳 細 検 討

A6.1 まえがき

分析法の適用範囲に，粗繊維は酸とアルカリ水溶液に溶けず，脂肪分を含まない有機物質と規定されている．分析手順は標準化されているため，その結果は直接使われる．手順の変更によって測定量は変わる．したがって，この方法は条件規定分析法である．

共同実験による，繰返し性と再現性データは，この法定法に利用することができる．記載されている精度試験は，インハウスによる分析法の性能評価の一部として計画された．この方法に使用することができる，同じ方法によって分析された適切な認証標準物質はない．

A6.2 ステップ1：測定量の明細

より大規模な分析法の測定量の明細は，分析法の種々の段階を包括的に記述し，測定量の式を提示することである．

測定手順

複雑な試料の分解，沪過，乾燥，灰化，秤量操作を図 A6.2 に示す．この操作は空のるつぼに対しても適用される．本操作の目的は，大部分の成分を分解し，それ以外の分解されない成分を残すことである．有機物は灰化され，無機物が残る．乾燥した有機物／無機物の残留質量と灰化された残留質量の差が「繊維含量」である．主な操作は次のとおりである．

ⅰ) 1 mm のふるい目を通過させるため，試料を粉砕する．
ⅱ) るつぼに試料 1 g をとり，秤量する．
ⅲ) 酸分解用として，規定された濃度と量の試薬一式を添加する．規定され，標準化された時間沸騰させ，沪過し，残留物を洗浄する．
ⅳ) 標準化されたアルカリ分解試薬一式を添加し，必要時間沸騰させ，沪過し，アセトンで洗浄する．
ⅴ) 標準化された温度で恒量になるまで乾燥する（「恒量」は公表された方法に

例 A6：家畜飼料中の粗繊維の定量　　135

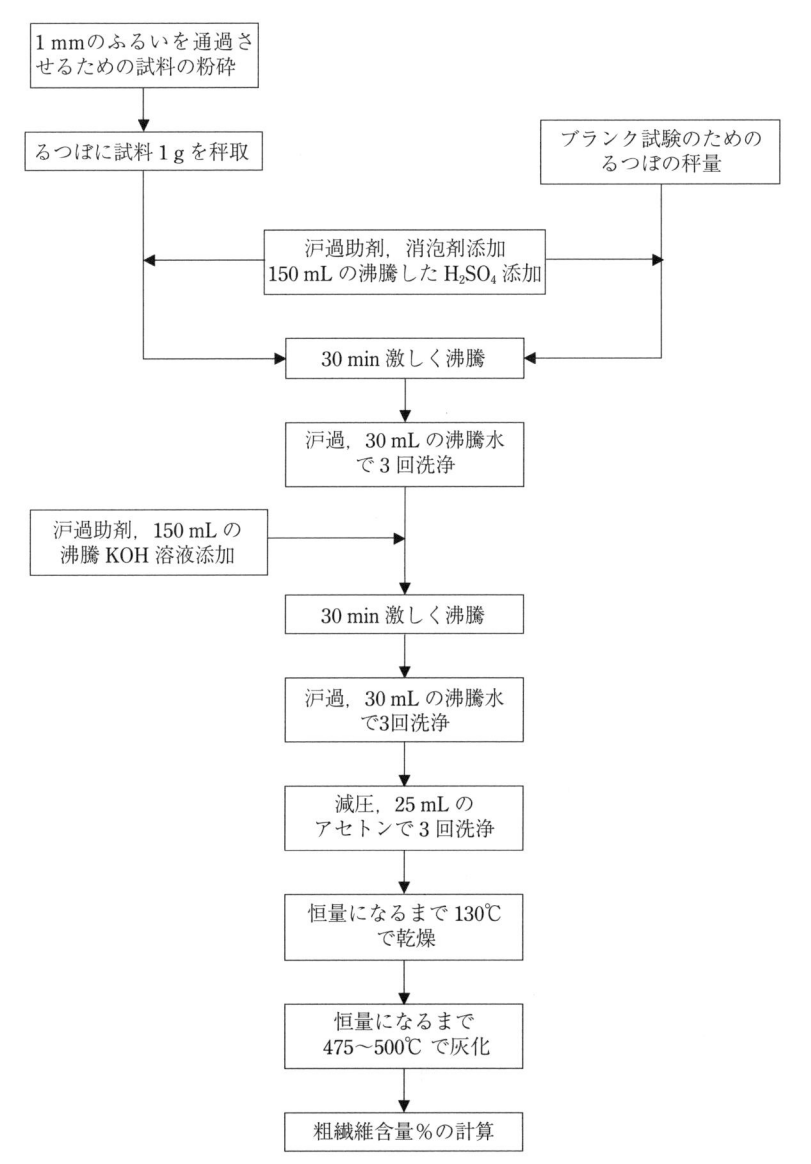

```
┌─────────────────────┐
│ 1 mm のふるいを通過さ │
│ せるための試料の粉砕　│
└──────────┬──────────┘
           │
┌──────────▼──────────┐         ┌─────────────────────┐
│ るつぼに試料 1 g を秤取 │         │ ブランク試験のための │
└──────────┬──────────┘         │ るつぼの秤量　　　　│
           │                     └──────────┬──────────┘
           │    ┌─────────────────────────┐ │
           │    │ 沪過助剤, 消泡剤添加     │ │
           ├────┤ 150 mL の沸騰した H₂SO₄ 添加├─┤
           │    └─────────────────────────┘ │
           ▼                                 │
┌─────────────────────┐                     │
│ 30 min 激しく沸騰　　 │◄────────────────────┘
└──────────┬──────────┘
           ▼
┌─────────────────────┐
│ 沪過，30 mL の沸騰水  │
│ で3回洗浄　　　　　　│
└──────────┬──────────┘
           │
┌──────────────────┐  │
│ 沪過助剤, 150 mL の│  │
│ 沸騰 KOH 溶液添加 ├──┤
└──────────────────┘  │
           ▼
┌─────────────────────┐
│ 30 min 激しく沸騰　　 │
└──────────┬──────────┘
           ▼
┌─────────────────────┐
│ 沪過，30 mL の沸騰水  │
│ で3回洗浄　　　　　　│
└──────────┬──────────┘
           ▼
┌─────────────────────┐
│ 減圧，25 mL の　　　 │
│ アセトンで3回洗浄　　│
└──────────┬──────────┘
           ▼
┌─────────────────────┐
│ 恒量になるまで 130℃  │
│ で乾燥　　　　　　　│
└──────────┬──────────┘
           ▼
┌─────────────────────┐
│ 恒量になるまで　　　 │
│ 475～500℃ で灰化　　│
└──────────┬──────────┘
           ▼
┌─────────────────────┐
│ 粗繊維含量％の計算　　│
└─────────────────────┘
```

図 A6.2　家畜飼料中の繊維定量のための規制分析法の測定手順

136　付録A．不確かさの評価例

は定義されていない，空気の循環または残留物の撹拌による乾燥についても定義されていない).
vi) 乾燥した残留物の質量を記録する．
vii) 規定された温度で「恒量」になるまで灰化する(実際は，インハウス試験後に決まる設定時間での灰化).
viii) 灰化した残留物を秤量し，ブランク試験用るつぼに対して測定した残留物の質量を差し引いた後，質量差から繊維含量を計算する．

測定量

試料質量中の繊維含量 C_{fibre}(％)は，次式で表される．

$$C_{\text{fibre}} = \frac{(b-c) \times 100}{a}$$

ここで，
　a：試料質量(g)(分析には約 1 g の試料を使用)，
　b：試料試験における灰化後の質量損失(g)，
　c：ブランク試験における灰化後の質量損失(g)，である．

A6.3　ステップ2：不確かさ要因の特定と分析

様々な不確かさ要因が特定された．それらを図 A6.3 の特性要因図に示す．この図は付録 D の操作に従い，要因の重複する成分と重要でない成分が取り除かれて簡素化されている．重要でない成分(天秤の校正と直線性を含む試料秤量の枝)を取り除いて，さらに簡素化した特性要因図を図 A6.4 に示す．

この分析法のために事前に行われた共同実験とインハウス実験データが得られている．このため，それらのデータの使用は不確かさに対する種々の寄与の評価に密接に関連するので，以下でさらに考察する．

A6.4　ステップ3：不確かさ成分の定量

共同実験結果

分析法の共同実験が実施された．実験では，標準的な繊維とタンパク質濃度を代表する 5 種類の飼料が分析された．実験の参加者は，試料の粉砕を含む全ての分析操作を実施した．実験から得られた，繰返し性(併行精度)と再現性の推定値を表 A6.2 に示す．

表 A6.2 分析方法の共同分析実験とインハウス繰返し性実験のまとめ

試料	繊維含量(%m/m)			
	共同実験結果			インハウス繰返し性標準偏差
	平均	再現性標準偏差(s_R)	併行標準偏差(s_r)	
A	2.3	0.293	0.198	0.193
B	12.1	0.563	0.358	0.312
C	5.4	0.390	0.264	0.259
D	3.4	0.347	0.232	0.213
E	10.1	0.575	0.391	0.327

　分析法のインハウス評価の一部として，繰返し性(バッチ内併行精度)を評価するため，共同実験で分析されたものと類似の繊維濃度の飼料に対し，実験が計画された．実験結果を表 A6.2 に要約する．インハウスの繰返し性各推定は，5 回繰り返しに基づく．

　インハウス繰返し性推定値は，共同実験の結果とほぼ等しい．このことは，特定の試験所における分析方法の精度は，共同実験の一部を担った試験所のものとよく似ていることを示す．このため，共同実験結果の併行標準偏差を，分析法の不確かさ見積もりに使用することができる．不確かさの見積もりを完了するため，共同実験ではカバーされない，評価が必要な他の影響がないかどうかを調べる必要がある．共同実験には種々のマトリックス試料とその前処理法が含まれており，参加者は分析に先立ち粉砕が必要な試料が配られた．したがって，マトリックス効果と試料の前処理に付随する不確かさは，さらに考察する必要がない．結果に影響する他のパラメータは，分析方法に使われた抽出と乾燥条件に関連する．併行標準偏差には，通常それらのパラメータ変動の影響が含まれるが，それらは試験所のかたよりがコントロールされている(つまり，再現性標準偏差に比べて小さい)ことを確保するため，別々に試験された．検討されたパラメータを以下に示す．

灰化における質量損失

　この方法に適した標準物質がないため，分析法の各ステップに付随する不確かさを考慮することによって，インハウスのかたよりを評価しなければならない．灰化後の質量損失に付随する不確かさには，次に示すいくつかの要因が寄与する．

- 酸濃度
- アルカリ濃度
- 酸による分解時間
- アルカリによる分解時間
- 乾燥温度と時間
- 灰化温度と時間

試薬濃度と分解時間

　酸濃度とアルカリ濃度，そして酸とアルカリによる分解時間の影響は，それまでに発表された論文で検討されている．それらの検討において，パラメータ変化による分析結果への影響が評価された．各パラメータに対する感度係数(すなわち，パラメータ変化による最終結果の変化する割合)とパラメータの不確かさが計算された．

　表 A6.3 に示す不確かさは，表 A6.2 に与えた再現性の数字と比べて小さい．例えば，繊維を 2.3% m/m 含む試料の再現性標準偏差は 0.293% m/m である．酸による分解時間の変動に付随する不確かさは，0.021% m/m と推定される (す

表 A6.3　分析法のパラメータに付随する不確かさ

パラメータ	感度係数*1	パラメータの不確かさ	RSD で表した最終結果の不確かさ*4
酸濃度	$0.23\,(\mathrm{mol\,L^{-1}})^{-1}$	$0.0013\,(\mathrm{mol\,L^{-1}})^{-1}*2$	0.00030
アルカリ濃度	$0.21\,(\mathrm{mol\,L^{-1}})^{-1}$	$0.0023\,(\mathrm{mol\,L^{-1}})^{-1}*2$	0.00048
酸による分解時間	$0.0031\,\mathrm{min}^{-1}$	$2.89\,\mathrm{min}^{-1}*3$	0.0090
アルカリによる分解時間	$0.0025\,\mathrm{min}^{-1}$	$2.89\,\mathrm{min}^{-1}*3$	0.0072

*1：感度係数は，薬品濃度又は分解時間に対し，規格化した繊維濃度変化のプロットによって推定された．パラメータ変化による分析結果の変化の割合は，線形回帰を使用して計算された．

*2：酸とアルカリ溶液濃度の標準不確かさは，それらの調製に使われた体積測定用ガラス器具の，温度効果などによる精度と真値の推定値から計算された．水溶液濃度に対する不確かさ計算のさらなる例は，例 A1–A3 を参照されたい．

*3：分析方法は分解時間を 30 分間と特定している．分解時間は，±5 分間以内に管理されている．これは矩形分布で，標準不確かさに変換するため $\sqrt{3}$ で割られた．

*4：最終結果の相対標準偏差 (RSD) で表した不確かさは，感度係数にパラメータの不確かさを掛けて計算された．

なわち，$2.3 \times 0.009^{*1}$）．このため，それらの方法のパラメータ変動に付随する不確かさは，十分に無視することができる．

乾燥温度と時間

乾燥温度と時間に関し，事前に測定されたデータはない．分析法は，試料を130℃で「恒量」になるまで乾燥すると規定している．この場合，試料は130℃で3時間乾燥され，秤量される．試料はそれからさらに乾燥され，再び秤量される．この試験所で，恒量は連続する測定間で変化が2 mgより小さくなった時と定義されている．インハウス試験では，四つの重複試料が110，130，150℃で3および4時間乾燥後に秤量された．大抵の場合，各乾燥温度における乾燥時間が3時間と4時間の重量変化は2 mg以下であった．このため，これは乾燥における重量変化の不確かさ推定の最悪の場合である．範囲 ±2 mg は矩形分布をとり，標準不確かさに変換するため $\sqrt{3}$ で割る．このため，乾燥から恒量の後，記録される質量の不確かさは0.00115 gになる．分析法は試料量を1 gと特定しているので，恒量にするための乾燥の不確かさは，繊維含量として0.115 % m/mの標準不確かさに相当する．この不確かさ要因は，試料の繊維含量とは無関係であるため，各試料の不確かさの見積もりに0.115 % m/mの一定の寄与を与える．全ての繊維濃度において，この不確かさは再現性標準偏差よりも小さく，そして最小繊維濃度を除く全てに対して s_R 値の1/3以下である．したがって，この要因の不確かさは通常無視することができる．しかし，低繊維濃度試料に対しては，この不確かさは s_R 値の1/3よりも大きくなるため，不確かさバジェット表に s_R 値を追加項目として含めるべきである（表A6.4参照）．

灰化温度と時間

分析法は，試料を475～500℃で，少なくとも30分間かけて灰化することを求めている．発表された論文には，450℃で30分間から650℃で3時間までの種々の温度と時間範囲を組み合わせた灰化法による繊維の定量を含む，灰化条件の影響が含まれている．しかし，種々の条件下で得られる繊維含有量間には大きな違いが観察されなかった．このことから，灰化温度と時間の小さな変動の最終結果への影響は，無視できると推定された．

---

*1 訳注：0.009は表A6.3の酸による分解時間の不確かさで，最も大きな不確かさである．

ブランク試料灰化後の質量損失

このパラメータに対する実験データはない．しかし，不確かさは主に秤量から生じる．このため，このパラメータの変動の影響はおそらく小さく，共同実験でよく代表される．

A6.5　ステップ4：合成標準不確かさの計算

これは共同実験結果が得られる，条件規定分析法の一例である．インハウスの繰返し性(併行精度)が評価され，共同実験によって予想される値と類似していることがわかった．このため，試験所のかたよりが管理されているという条件で，共同実験の再現性標準偏差 s_R 値を使用することは適切である．ステップ3の考察での低い繊維濃度における乾燥条件の影響を除き，特性要因図で同定された他の不確かさ要因は s_R に比べて全て小さいという結論が導かれた．このような場合の不確かさは，共同実験で得られる再現性標準偏差 s_R に基づいて推定される．繊維含量が2.5%m/mの試料に対しては，乾燥条件に付随する不確かさを考慮するため，追加項目(0.115)が含められた．

標準不確かさ

種々の繊維濃度に対する代表的な標準不確かさを表A6.4に示す．

表 A6.4　合成標準不確かさ

繊維含量 (%m/m)	標準不確かさ $u_c(C_{fibre})$ (%m/m)	相対標準不確かさ $u_c(C_{fibre})/C_{fibre}$
2.5	$\sqrt{0.29^2 + 0.115^2} = 0.31$	0.12
5	0.4	0.08
10	0.6	0.06

拡張不確かさ

代表的な拡張不確かさを表A6.5に示す．これらの値は，信頼水準約95%における包含係数 $k=2$ を使用して計算された．

表 A6.5 拡張不確かさ

繊維含量 (%m/m)	拡張不確かさ $U(C_{\text{fibre}})$ (%m/m)	拡張不確かさ (RSD%)
2.5	0.62	25
5	0.8	16
10	1.2	12

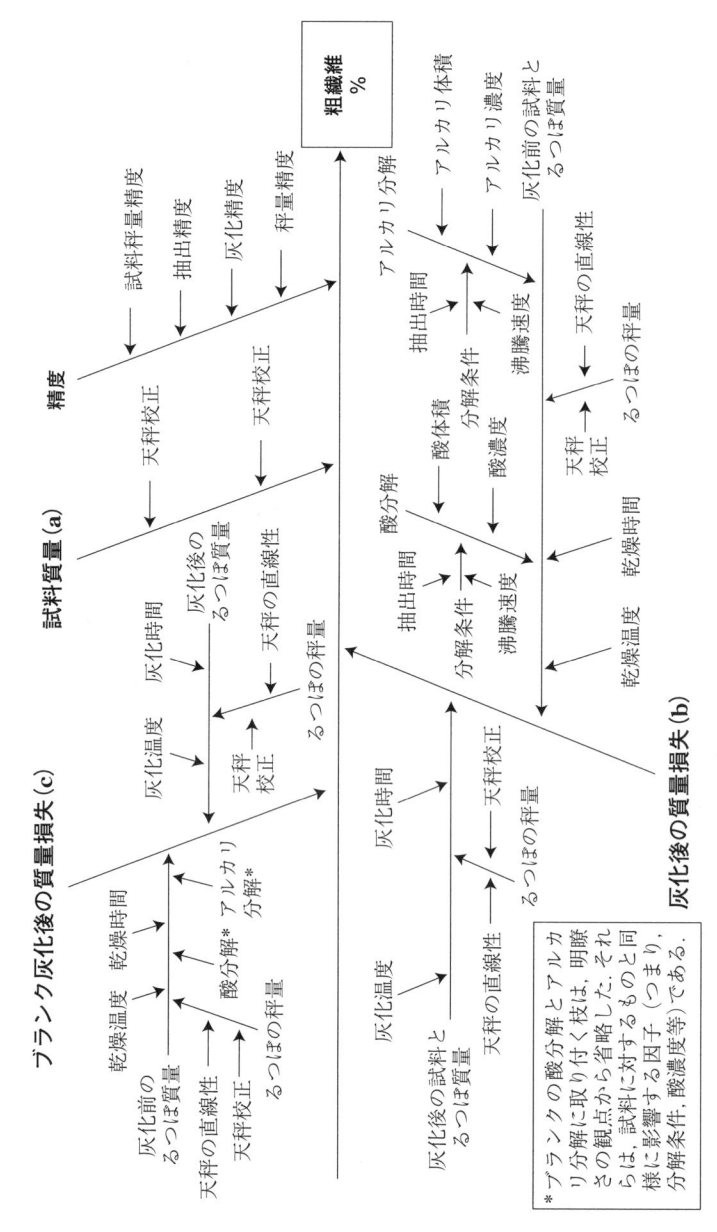

図 A6.3 家畜飼料中の繊維定量のための特性要因図

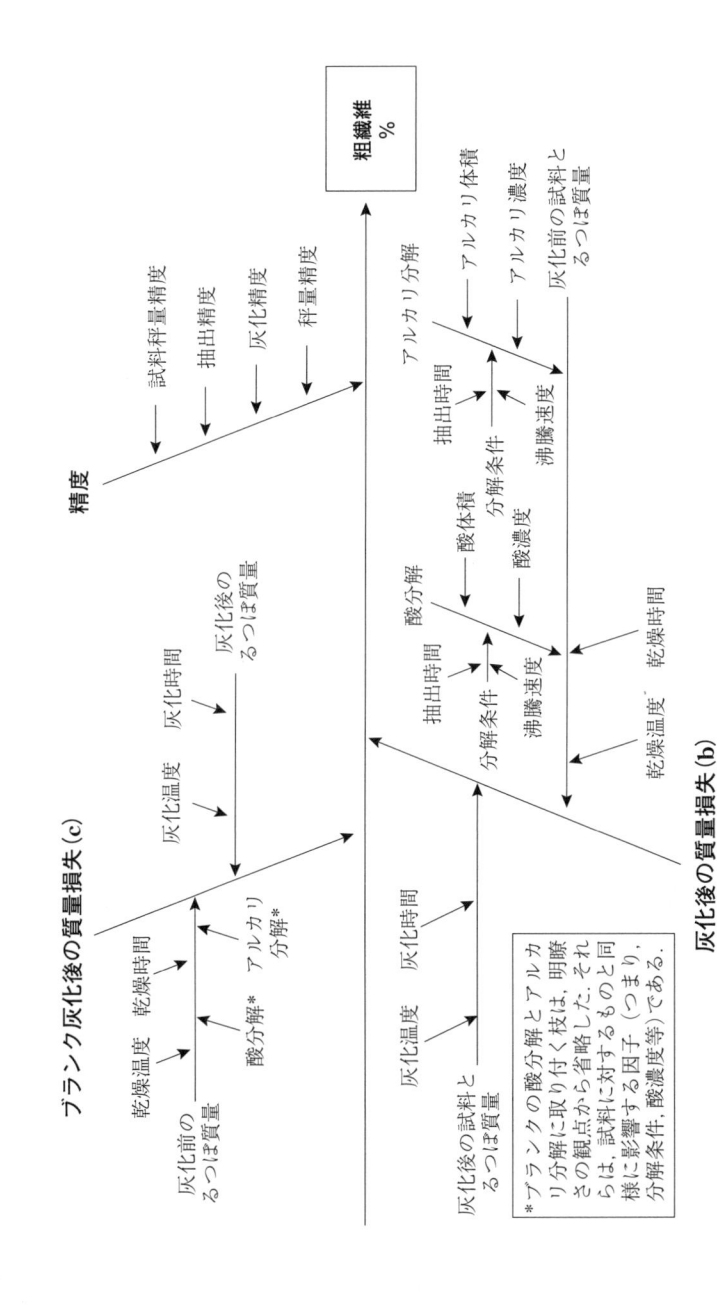

例 A6：家畜飼料中の粗繊維の定量

図 A6.4 簡素化された特性要因図

精度
- 試料秤量精度
- 抽出精度
- 灰化精度
- 秤量精度
→ 粗繊維 %

アルカリ分解
- 抽出時間
- 分解条件（沸騰速度）
- アルカリ体積
- アルカリ濃度
- 灰化前のるつぼ質量

酸分解
- 抽出時間
- 分解条件（沸騰速度）
- 酸体積
- 酸濃度
- 乾燥時間
- 乾燥温度

灰化後の質量損失 (b)
- 灰化温度
- 灰化時間
- 灰化後の試料とるつぼ質量

ブランク灰化後の質量損失 (c)
- 乾燥温度
- 乾燥時間
- 酸分解*
- アルカリ分解*
- 灰化前のるつぼ質量
- 灰化温度
- 灰化時間
- 灰化後のるつぼ質量

*ブランクの酸分解とアルカリ分解に取り付く枝は、明瞭さの観点から省略した。それらは、試料に影響するものと同様に影響する因子（つまり、分解条件、酸濃度等）である。

例 A7：二重同位体希釈と誘導結合プラズマ質量分析法を使用する水中の鉛定量

A7.1 まえがき

この例では，不確かさの概念をどのように同位体希釈質量分析（IDMS）と誘導結合プラズマ質量分析（ICP-MS）による，水中の鉛定量に適用するかを説明する．

二重同立体希釈質量分析の一般的まえがき

IDMS は，CCQM（Comité consultatif pour la quantité de matière）が一次標準測定法と認める分析法の一つで，このため測定量をどのようにして計算するかについて，明確に定義された式が得られる．同位体比が認証された濃縮同位体の標準物質をスパイクするのが，最も簡単な同位体希釈のケースで，試料，そして既知量の試料とスパイクの混合物 b の同位体比が測定される．試料中の元素含量 C_x は，次式で表される．

$$c_x = c_y \cdot \frac{m_y}{m_x} \cdot \frac{K_{y1} \cdot R_{y1} - K_b \cdot R_b}{K_b \cdot R_b - K_{x1} \cdot R_{x1}} \cdot \frac{\sum_i (K_{xi} \cdot R_{xi})}{\sum_i (K_{yi} \cdot R_{yi})} \tag{A7.1}$$

ここで，c_x と c_y は試料とスパイク中の元素含量[1]（ここでは K 係数や包含係数 k 等との混同を避けるため，元素含量は k に代え c を使用する）．m_x と m_y は，試料とスパイクの質量．R_x，R_y，R_b は同位体比．添え字 x，y，b は，それぞれ試料，スパイク，混合物を表す．試料中で存在量が最も大きな同位体の一つが選ばれ，その同位体に対する他の同位体比が表される．スパイク中の参照同位体，そしてできれば最も存在比が大きな特定の同位体との対，例えば $n(^{208}\text{Pb})/n(^{206}\text{Pb})$ がモニター比として選ばれる．R_{xi} と R_{yi} は試料とスパイク中の考えられる全ての同位体比であり，参照同位体に対し，この比は 1 である．K_{xi}，K_{yi}，K_b は，特定の同位体比に対する試料，スパイク，混合物中の質量弁別補正係数（mass discrimination factor）である．K 係数は，式（A7.2）に従い，認証同位体標準物質を使用して測定される．

$$K = K_0 + K_{\text{bias}} \quad \text{ここで} \quad K_0 = \frac{R_{\text{certified}}}{R_{\text{observed}}} \tag{A7.2}$$

ここで，K_0 は時間ゼロにおける質量弁別補正係数，K_{bias} は K 係数を測定中の

種々の時間に測定される同位体比の補正に適用されるとすぐに効力が生じるかたより係数である．K_{bias} はまた検出器の不感時間，マトリックス効果等の考えられるその他のかたよりの要因も含む．$R_{certified}$ は同位体標準物質の認証書に示される同位体比の認証値で，$R_{observed}$ はこの同位体標準物質の測定値である．誘導結合プラズマ質量分析装置(ICP-MS)を使用する IDMS 実験では，質量弁別が時間とともに変化するため，式(A7.1)中の全ての同位体比の質量弁別を個々に補正する必要がある．

　時には，特定の同位体が濃縮された標準物質が得られない場合がある．この問題を克服するため，「二重」IDMS がしばしば使われる．操作には，天然同位体組成の認証標準物質(z と表す)と同位体を濃縮したスパイク物質を使用する．天然組成の認証標準物質は，一次の検定(assay)標準として働く．二つの混合物が使われ，混合物 b は式(A7.1)に示す試料と濃縮同位体スパイクの混合である．二重 IDMS を実施するための 2 番目の混合物 b' は，濃度 c_z の一次分析標準と濃縮同位体 y から調製される．これは式(A7.1)と似た次式を与える．

$$c_z = c_y \cdot \frac{m'_y}{m_{xz}} \cdot \frac{K_{y1} \cdot R_{y1} - K'_b \cdot R'_b}{K'_b \cdot R'_b - K_{z1} \cdot R_{z1}} \cdot \frac{\sum_i (K_{zi} \cdot R_{zi})}{\sum_i (K_{yi} \cdot R_{yi})} \tag{A7.3}$$

ここで，c_z は一次検定標準溶液の元素濃度，m_z は新たに混合された時の一次検定標準の質量．m'_y は濃縮同位体スパイク溶液の質量，K'_b, R'_b, K_{z1}, R_{z1} はそれぞれ K 係数と，新しい混合と分析標準の同位体比を表す．添え字 z は検定標準を表す．式(A7.1)を式(A7.3)で割ると次式が得られる．

$$\frac{c_x}{c_z} = \frac{c_y \cdot \dfrac{m_y}{m_x} \cdot \dfrac{K_{y1} \cdot R_{y1} - K_b \cdot R_b}{K_b \cdot R_b - K_{x1} \cdot R_{x1}} \cdot \dfrac{\sum_i (K_{xi} \cdot R_{xi})}{\sum_i (K_{yi} \cdot R_{yi})}}{c_y \cdot \dfrac{m'_y}{m_{xz}} \cdot \dfrac{K_{y1} \cdot R_{y1} - K'_b \cdot R'_b}{K'_b \cdot R'_b - K_{z1} \cdot R_{z1}} \cdot \dfrac{\sum_i (K_{zi} \cdot R_{zi})}{\sum_i (K_{yi} \cdot R_{yi})}} \tag{A7.4}$$

この式を簡単にし，さらに操作ブランク c_{blank} を導入して次式を得る．

$$c_x = c_z \cdot \frac{m_y}{m_x} \cdot \frac{m_z}{m'_y} \cdot \frac{K_{y1} \cdot R_{y1} - K_b \cdot R_b}{K_b \cdot R_b - K_{x1} \cdot R_{x1}} \times \frac{K'_b \cdot R'_b - K_{z1} \cdot R_{z1}}{K_{y1} \cdot R_{y1} - Kb' \cdot Rb'} \cdot \frac{\sum_i (K_{xi} \cdot R_{xi})}{\sum_i (K_{zi} \cdot R_{zi})} - c_{blank} \tag{A7.5}$$

これが最終式であり，この式からは c_y の項は取り除かれている．この測定において，同位体比 R の添え字は以下に示す実際の同位体比を表す．

$R_1 = n(^{208}\text{Pb})/n(^{206}\text{Pb})$, $R_2 = n(^{206}\text{Pb})/n(^{206}\text{Pb})$, $R_3 = n(^{207}\text{Pb})/n(^{206}\text{Pb})$, $R_4 = n(^{204}\text{Pb})/n(^{206}\text{Pb})$

参考のため，この分析のパラメータを表 A7.1 に要約する．

表 A7.1 IDMS のパラメータの要約

記号	内容	記号	内容
m_x	混合物 b 中の試料の質量 [g]	m_y	混合物 b 中の濃縮同位体スパイクの質量 [g]
m'_y	混合物 b' 中の濃縮同位体スパイクの質量 [g]	m_z	混合物 b' 中の一次検定標準の質量 [g]
c_x	試料 x 中の元素濃度 [mol g^{-1} または μmol g^{-1}] *1	c_z	一次検定標準 z の元素濃度 [mol g^{-1} または μmol g^{-1}] *1
c_y	スパイク y 中の元素濃度 [mol g^{-1} または μmol g^{-1}] *1	c_{blank}	ブランク操作で測定された元素濃度 [mol g^{-1} または μmol g^{-1}] *1
R_b	混合物 b 中の測定される同位体比, $n(^{208}\text{Pb})/n(^{206}\text{Pb})$	K_b	R_b の質量かたより補正
R'_b	混合物 b' 中の測定される同位体比, $n(^{208}\text{Pb})/n(^{206}\text{Pb})$	K'_b	R'_b の質量かたより補正
R_{y1}	スパイク中の参照同位体に対する，濃縮同位体の測定される同位体比	K_{y1}	R_{y1} の質量かたより補正
R_{zi}	一次検定標準中の全ての同位体比, R_{z1}, R_{z2} 等	K_{zi}	R_{zi} の質量かたより補正
R_{xi}	試料中の全ての同位体比	K_{xi}	R_{xi} の質量かたより補正
R_{x1}	試料 x 中の参照同位体に対する，濃縮同位体の測定される同位体比	R_{z1}	R_{x1} と同様であるが，一次検定標準中

*1：元素濃度の単位は，常に本文中に示す．

A.7.2 ステップ1：測定量の明細

全体の測定手順を表 A7.2 に示す．計算と含まれる測定を以下に示す．
元素濃度 c_x の計算

水中の Pb を定量するため，b'(校正標準＋スパイク)と b(試料＋スパイク)のそれぞれに対し，四つの混合物が調製される．これにより，c_x に対し合計四つの値が与えられる．それらの定量のうちの一つを，表 A7.2 に示すステップ 1～4

例A7：二重同位体希釈と誘導結合プラズマ質量分析法を使用する水中の鉛定量

表 A7.2　全体的測定手順

ステップ	内　容
1	一次検定標準を調製する
2	混合物 b と b' の調製
3	同位体比測定
4	試料中に含まれる Pb 濃度 c_x の計算
5	c_x の不確かさ推定

に従って詳細を述べる．c_x の報告値は，4回繰り返しの平均である．

分子量の計算

　Pb のようないくつかの元素は，自然界において同位体組成が変動する．このため，第一次検定標準の分子量 M は元素濃度 c_z に影響するため，それを定量しなければならない．これは，c_z が mol g^{-1} で表される時には全く当てはまらないことに留意する必要がある．元素 E の分子量 $M(E)$ は，元素 E の原子量 $A_r(E)$ と数値的に等しい．その原子量は次式から計算される．

$$A_r(E) = \frac{\sum_{i=1}^{p} R_i \cdot M(^i E)}{\sum_{i=1}^{p} R_i} \quad (A7.6)$$

ここで，値 R_i は元素 E の全ての真の同位体質量比で，$M(^i E)$ は表に掲載されている同位体（核種）質量である．

　式(A7.6)の同位体比は絶対比でなければならない．すなわち，それらは質量弁別が補正されなければならない．固有の添え字を使用し，式(A7.7)を与える．その計算のために，同位体（核種）質量 $M(^i E)$ には文献値[2)]を使用し，さらに同位体比 R_{zi} と K_0 係数 $K_0(zi)$ が測定される（表 A7.8 参照）．それらの値を与え，Pb の分子量を計算すると次のようになる．

$$M(\text{Pb, Assey 1}) = \frac{\sum_{i=1}^{p} K_{zi} \cdot R_{Zi} \cdot M_z(^i E)}{\sum_{i=1}^{p} K_{zi} \cdot R_{Zi}} = 207.21034 \text{ g mol}^{-1} \quad (A7.7)$$

K 係数と同位体比の測定

　補正係数 K は，質量弁別を補正するため，式(A7.2)中で規定したように使われる．K_0 係数は，認証標準物質を使用し，同位体組成に対して計算される．こ

の場合，K_0 係数の変化をモニターするため，同位体の認証標準物質 NIST SRM 981 を使う．K_0 係数は，補正する比の前と後で測定される．一般的な試料の順番は，1（ブランク），2（NIST SRM 981），3（ブランク），4（混合1），5（ブランク），6（NIST SRM 981），7（ブランク），8（試料）等のようにする．

ブランク測定はブランクの補正ばかりでなく，ブランク係数のモニターにも使われる．ブランクの計数率が安定し，通常のレベルに戻るまで，新しい測定は開始されない．試料，混合物，スパイク，校正用標準は，測定に先立って適切な元素濃度に希釈される．同位体比の測定結果，K_0 係数の計算，K_{bias} を表 A7.8 に要約する．

第一次検定標準溶液の調製と元素濃度 c_z の計算

化学的純度 $w = 99.999\%$ の金属 Pb の破片から，二つの第一次検定標準溶液が調製された．二つの標準は同じバッチの高純度 Pb である．それらの Pb 片に約 10 mL の $(1+3)\mathrm{HNO_3}$ を加え，ゆっくり加熱しながら溶解し，さらに希釈した．それらの二つの検定標準溶液から二つの混合物が調製された．その検定標準値の一つをここで紹介する．

$0.36544\,\mathrm{g}$ の $\mathrm{Pb}\,(m_1)$ を $\mathrm{HNO_3}\,(0.5\,\mathrm{mol\,L^{-1}})$ で溶解し，$d_1 = 196.14\,\mathrm{g}$ に希釈する．この溶液を Assey 1 とよぶ．さらに低濃度の溶液が必要なので，$m_2 = 1.0292\,\mathrm{g}$ の Assey 1 を $\mathrm{HNO_3}\,(0.5\,\mathrm{mol\,L^{-1}})$ で全質量 $d_2 = 99.931\,\mathrm{g}$ に希釈する．この溶液を Assey 2 とよぶ．Assey 2 溶液中の Pb 含量 c_z は，式(A7.8)で計算される．

$$c_z = \frac{m_2}{d_2} \cdot \frac{m_1 \cdot w}{d_1} \cdot \frac{1}{M(\mathrm{Pb, Assey\,1})} = 9.2605 \times 10^{-8}\,\mathrm{mol\,g^{-1}} = 0.092\,605\,\mathrm{\mu mol\,g^{-1}}$$

$$(\mathrm{A7.8})^{*1}$$

混合物の調製

スパイク水溶液の元素濃度は約 20 mg Pb/g で，試料中の Pb 濃度もこの範囲であることがわかっている．この例で使われた二つの混合物の質量データを表 A7.3 に示す．

操作ブランク c_{blank} の測定

この分析法で，操作ブランクは外部校正法[*2]で測定された．濃縮同位体スパイ

[*1] 訳注：式中の w は使用した Pb の純度で，0.99999 の値が使われた．
[*2] 訳注：Pb の標準溶液の測定によって作成した，検量線から Pb を定量する方法である．

例A7：二重同位体希釈と誘導結合プラズマ質量分析法を使用する水中の鉛定量　　　　　149

表 **A7.3**　二つの混合物の質量データ

混　合	b		b'	
使用した溶液	スパイク	試　料	スパイク	Assey 2
パラメータ	m_y	m_x	m'_y	m_z
質量[g]	1.1360	1.0440	1.0654	0.1029

クを添加したブランクに全分析操作を適用し，試料と同じ方法によって処理する．この例では，高純度薬品が使われたため，混合物の同位体比が極端な大きさの値になり，それによって濃縮同位体のスパイク添加操作の信頼性が劣る結果になった．外部校正法によるブランク測定によって，c_{blank} として 4.5×10^{-7} μmol g^{-1} が得られた．これをタイプAとして評価し，その標準不確かさ 4.0×10^{-7} μmol g^{-1} を得た．

元素濃度 c_x の計算

表A7.8に示す測定と計算データを式(A7.5)に代入し，$c_x = 0.053\,738$ μmol g^{-1} を得た．4回の全ての繰返し測定結果を表A7.4に示す．

表 **A7.4**　繰返し測定によるPb濃度の測定結果

繰り返し	c_x(μmol g^{-1})
1(ここで紹介した例)	0.053 738
2	0.053 621
3	0.053 610
4	0.053 822
平　均	0.053 70
実験標準偏差(s)	0.0001

A7.3　ステップ2および3：不確かさ要因の同定と定量

不確かさ計算の取り組み方

IDMSの最終計算式(A7.5)に式(A7.2)，(A7.7)，(A7.8)を組み入れると，パラメータが非常に多くなり，その式を取り扱うことがほとんど不可能になる．それを簡単に保つため，K_0 係数と検定標準溶液の元素濃度，それらに付随する不

150　付録A. 不確かさの評価例

確かさを別々に取り扱い，その次に IDMS の式(A7.5)に導入する．この場合，c_x の最終合成標準不確かさには影響せず，実際的な理由から単純化が望ましい．

合成標準不確かさ $u_c(c_x)$ の計算に，A7.2 節で述べた測定の値の一つを使用する．c_x の合成標準不確かさは，付録 E に示す表計算ソフトウェアを使用して計算された．

K 係数の不確かさ

ⅰ）K_0 の不確かさ

式(A7.2)に従って K を計算する．例として，K_{x1} の値を使用して K_0 を求める．

$$K_0(x1) = \frac{R_{\text{certified}}}{R_{\text{observed}}} = \frac{2.1681}{2.1699} = 0.9992 \tag{A7.9}$$

K_0 の不確かさを計算するため，まず認証書を見ると，認証された同位体比 2.1681 の95%信頼区間の標準不確かさは，0.0008 と記載されている．95%信頼区間の不確かさを標準不確かさに変換するため，2で割る．これによって標準不確かさ $u\,(R_{\text{certified}}) = 0.0004$ が得られる．観測された同位体比 $R_{\text{observed}} = n(^{208}\text{Pb})/n(^{206}\text{Pb})$ は，標準不確かさ 0.0025（相対標準偏差 RSD）をもつ．K 係数に対する，合成標準不確かさを次のようにして計算する．

$$\frac{u_0(K_0(x1))}{K_0(x1)} = \sqrt{\left(\frac{0.0004}{2.1681}\right)^2 + (0.0025)^2} = 0.002\,507 \tag{A7.10}$$

これは，認証同位体比からの不確かさの寄与が無視できる量であることを明確に示している．これ以降，測定された比 R_{observed} の不確かさは，K_0 の不確かさが使われる．

ⅱ）K_{bias} の不確かさ

このかたより係数は，質量弁別係数値中の考えられるかたよりを見積もるために導入される．式(A7.2)からもわかるように，どの K 係数にもそれに付随するかたよりがある．それらのかたより値は未知であるので，ここではゼロとする．もちろん，不確かさはどのかたよりにも付随し，最終不確かさを計算する時にはこれを考慮しなければならない．原則として，かたよりはこの原理を証明するため，式(A7.5)の抜粋とパラメータ K_{y1} と R_{y1} を使用し，式(A7.11)のように表される．

$$c_x = \cdots \frac{K_0(y1) + K_{\text{bias}}(y1) \cdot R_{y1} - \cdots}{\cdots} \cdots \tag{A7.11}$$

例 A7：二重同位体希釈と誘導結合プラズマ質量分析法を使用する水中の鉛定量　　　151

全かたより $K_{bias}(yi, xi, zi)$ の値は，$(0±0.001)$ である．この推定は IDMS による Pb 定量の長い間の経験に基づいている．全ての $K_{bias}(yi, xi, zi)$ パラメータは，表 A7.5，A7.8，式(A7.5)には含まれていないが，それらは全ての不確かさの計算に使われる．

表 A7.5 質量弁別補正係数，同位体比，Pb 同位体質量*2 の値とそれらの不確かさ

記号	値	標準不確かさ	タイプ*1
$K_{bias}(zi)$	0	0.001	B
R_{z1}	2.1429	0.0054	A
$K_0(z1)$	0.9989	0.0025	A
$K_0(z3)$	0.9993	0.0035	A
$K_0(z4)$	1.0002	0.0060	A
R_{z2}	1	0	A
R_{z3}	0.9147	0.0032	A
R_{z4}	0.058 70	0.000 35	A
M_1	207.976 636	0.000 003	B
M_2	205.974 449	0.000 003	B
M_3	206.975 880	0.000 003	B
M_4	203.973 028	0.000 003	B

*1：タイプ A(統計学的評価)または B(その他)
*2 訳注：原著には記述されていないが，M_1，M_2，M_3，M_4 は Pb の同位体質量(isotope mass, amu)である．

質量測定の不確かさ

　この場合，質量専門の計量試験所が計量を実施した．適用された操作は，校正された分銅と天秤を使用するブラケット法*3(bracketing technique)である．ブラケット法は各試料の質量測定において，少なくとも 6 回繰り返された．浮力補正も適用された．化学量論と不純物の補正は適用されなかった．秤量の証明書から，不確かさは標準不確かさとして取り扱い，それらを表 A7.8 に示す．

---

　*3 訳注：試料の秤量の前後に標準分銅を秤量し，試料の質量は標準分銅の読み取り値の直線補間によって求められた．

検定標準溶液中の元素濃度 c_z の不確かさ

ⅰ) Pb の原子量の不確かさ

初めに、検定標準溶液 Assey 1 の原子量の合成標準不確かさを計算する。表 A7.5 中の値は既知の値、あるいは測定された値である。

式 (A7.7) に従い、原子量の計算には次式を使用する。

$$M(\text{Pb, Assey 1}) = \frac{K_{z1} \cdot R_{z1} \cdot M_1 + K_{z2} \cdot R_{z2} \cdot M_2 + K_{z3} \cdot R_{z3} \cdot M_3 + K_{z4} \cdot R_{z4} \cdot M_4}{K_{z1} \cdot R_{z1} + K_{z2} \cdot R_{z2} + K_{z3} \cdot R_{z3} + K_{z4} \cdot R_{z4}}$$

(A7.12)

検定標準溶液中の Pb 原子量の合成標準不確かさの計算には、付録 E で述べる表計算法(スプレッドシート法)が使用された。全ての比と K_0 について 8 個の測定値があった。表計算法によって計算した結果、原子量 M (Pb, Assey 1) $= 207.2103$ mol^{-1} で、その不確かさ 0.0010 g mol^{-1} が得られた。

ⅱ) c_z の定量における合成標準不確かさの計算

検定標準溶液中の Pb 濃度 c_z の不確かさ計算には、表 A7.3 のデータと式 (A7.8) が使われた。その不確かさは、秤量証明書(A7.3 節参照)からとった。式 (A7.8) の計算に使用した全パラメータとそれらの不確かさを、表 A7.6 に示す。

元素濃度 c_z は式 (A7.8) を使用して計算され、c_z 中の合成標準不確かさは、$u_c(c_z) = 0.000028$ と計算された。これは、$c_z = 0.092606$ μmol g^{-1} で、その標準不確かさが 0.000028 μmol g^{-1}(相対標準偏差 RSD として 0.03%)であることを表す。

繰返し測定 1 に対し、$u_c(c_x)$ の計算に表計算法(付録 E)が適用された。繰返し測定 1 に対する不確かさバジェットは、測定の代表である。式 (A7.5) はパラメ

表 A7.6 検定標準溶液中の Pb 濃度 C_z を計算するためのパラメータ値とそれらの不確かさ

パラメータ	値	不確かさ
Pb 片の質量 m_1 [g]	0.36544	0.00005
最初の希釈液の全質量 d_1 [g]	196.14	0.03
最初の希釈における分取量 m_2 [g]	1.0292	0.0002
2 番目の希釈液の全質量 d_2 [g]	99.931	0.01
金属 Pb 片の純度 w(質量分率)	0.99999	0.000005
Pb の分子量 M [g mol^{-1}]	207.2104	0.0010

例A7：二重同位体希釈と誘導結合プラズマ質量分析法を使用する水中の鉛定量   153

ータ数が多いため，計算のスプレッドシートを表示しない．パラメータ値とそれらの不確かさ，c_xの合成不確かさを，表A7.8に示す．

A7.4　ステップ4：合成標準不確かさの計算

　4回の繰返し測定の平均と実験上の標準不確かさを表A7.7に示す．それらの数値は，表A7.4とA7.8からとった．

　IDMSと多くの非ルーチン分析では，測定操作を完全に統計学的コントロールすることに多くの労力と時間を必要とする．もしいくつかの要因の不確かさが見落とされたなら，それをチェックする最良の方法は，タイプA評価による不確かさと4回繰返しの標準偏差を比較することである．もし，実験標準偏差がタイプA評価からの寄与よりも高い場合，測定プロセスは完全に理解されていないことを示す．概算として，表A7.8からのデータを使用し，タイプA評価による実験不確かさの合計は，全実験不確かさの92.2%（0.00041 µmol g^{-1}）と計算される．この値は実験標準偏差 0.00010 µmol g^{-1} よりも明らかに高い（表A7.7を参照）．これは，実験標準偏差がタイプA評価の不確かさ寄与によって補われることを示し，混合物の調製によるさらなるタイプA評価の不確かさ寄与を考慮する必要がないことを示している．しかし，混合物調製に付随するかたよりの可能性がある．この例において，混合物調製における可能性があるかたよりは，主な不確かさ要因と比較して大きくないと判断された．

　水試料中のPbの質量含量は次のとおりである．

$$c_x = (0.05370 \pm 0.00036) \mu\text{mol g}^{-1}$$

結果は，包含係数2を使用した拡張不確かさで与えられている．

表A7.7　4回の繰返し測定の平均と実験上の標準不確かさ

繰返し1		繰返し1-4の平均		単　位
c_x	0.05374	c_x	0.05370	µmol g^{-1}
$u_c(c_x)$	0.00018	s	0.00010[*1]	µmol g^{-1}

＊1：これは実験の標準不確かさで，平均の標準偏差ではない．

表 A7.8 ICP-MS と IDMS による Pb 定量のパラメータ値と不確かさの推定値

パラメータ	不確かさ評価	値	実験の不確かさ*1	全不確かさ u_c(%)への寄与	最終不確かさ*2	全不確かさ u_c(%)への寄与
ΣK_{bias}	B	0	0.001*3	7.2	0.001*3	37.6
c_z	B	0.092605	0.000028	0.2	0.000028	0.8
$K_0(b)$	A	0.9987	0.0025	14.4	0.00088	9.5
$K_0(b')$	A	0.9983	0.0025	18.3	0.00088	11.9
$K_0(x1)$	A	0.9992	0.0025	4.3	0.00088	2.8
$K_0(x3)$	A	1.0004	0.0035	1	0.0012	0.6
$K_0(x4)$	A	1.001	0.006	0	0.0021	0
$K_0(y1)$	A	0.9999	0.0025	0	0.00088	0
$K_0(z1)$	A	0.9989	0.0025	6.6	0.00088	4.3
$K_0(z3)$	A	0.9993	0.0035	1	0.0012	0.6
$K_0(z4)$	A	1.0002	0.006	0	0.0021	0
m_x	B	1.0440	0.0002	0.1	0.0002	0.3
m_{y1}	B	1.1360	0.0002	0.1	0.0002	0.3
m_{y2}	B	1.0654	0.0002	0.1	0.0002	0.3
m_z	B	1.1029	0.0002	0.1	0.0002	0.3
R_b	A	0.29360	0.00073	14.2	0.00026*4	9.5
R'_b	A	0.5050	0.0013	19.3	0.00046	12.7
R_{x1}	A	2.1402	0.0054	4.4	0.0019	2.9
R_{x2}	Cons.*5	1	0		0	
R_{x3}	A	0.9142	0.0032	1	0.0011	0.6
R_{x4}	A	0.05901	0.00035	0	0.00012	0
R_{y1}	A	0.00064	0.00004	0	0.000014	0
R_{z1}	A	2.1429	0.0054	6.7	0.0019	4.4
R_{z2}	Cons.*5	1	0		0	
R_{z3}	A	0.9147	0.0032	1	0.0011	0.6
R_{z4}	A	0.05870	0.00035	0	0.00012	0
c_{blank}	A	4.5×10^{-7}	4.0×10^{-7}	0	2.1×10^{-7}	0
c_x		0.05374	0.00041		0.00018	
			$\Sigma A_{contrib} =$	92.2	$\Sigma A_{contrib} =$	60.4
			$\Sigma B_{contrib} =$	7.8	$\Sigma B_{contrib} =$	39.6

例 A7:二重同位体希釈と誘導結合プラズマ質量分析法を使用する水中の鉛定量

*1:実験の不確かさは,各パラメータの測定回数を考慮しないで計算された.
*2:最終不確かさでは,測定回数が考慮された.この場合,すべてタイプ A で評価されたパラメータが 8 回測定された.それらの標準不確かさを得るため,$\sqrt{8}$ で割られた.
*3:この値は,一つの K_{bias} に対するものである.すべてが同じ値(0 ± 0.001)の全ての $K_{bias}(zi, xi, yi)$ を表に載せる代わり,パラメータ ΣK_{bias} を示す.
*4:R_b は一つの混合物あたり 8 回測定され,合計 32 個の測定値が得られた.この例のように,不確かさを調べるための混合物がない時,それら 32 個の測定値は,モデルの全ての 4 個の混合物の繰り返しによって占められてしまう.これは非常に長時間を要し,この場合それは不確かさに大きく影響しないため,実施されていない.
*5 訳注:R_{x2} と R_{z2} は試料と検定標準中の $^{206}Pb/^{206}Pb$ 同位体比で,($R_{x2}=R_{z2}=1$)である.他の同位体比は R_{x2} と R_{z2} を基準として,相対的に求められている.したがって,R_{x2} と R_{z2} の不確かさは 0 で,その評価は Cons.(Consensus,合意)と表している.

A7.5 例 A7 の引用文献

1) T. Cvitas, *Metrologia*, **33**, 35-39 (1996).
2) G. Audi and A. H. Wapstra, *Nuclear Physics A*, **A565**, 1-65 (1993).

付録B. 用語の定義

全 般

B.1　精度（precision）

規定された条件下で得られる，独立した試験結果間の一致の程度[H.8]．

注記1：精度は偶然誤差の分布にのみ依存し，真値または特定の値には関係しない．
注記2：精度の尺度は，通常不明確さに関して表されたもので，試験結果の標準偏差として計算される．精度が劣るほど，標準偏差は大きくなる．
注記3：「独立した試験結果」は，同じまたは類似の試験目的のそれ以前のいかなる結果によっても影響されない方法で得られる結果を意味する．精度の数量的な大きさは，規定される条件にかなり影響され，繰返し性（併行精度）と再現性の条件は，極度に規定された条件の特定の一揃いである．

B.2　真値（true value）

量または定量的な特性が考慮される時，存在する条件において完全に定義される量または定量的特性を特徴付ける値[H.8]．

注記1：量または定量的な特性の真値は理論的概念であり，一般に正確に知ることができない．
注記2*：用語「量」の説明に対し，ISO 3534-2 はその 3.2.1.項の注記1で「この定義で量とは質量や長さ，時間などの「基本量」，あるいは速度（長さを時間で割った）のような「派生量」のどちらかである」としている．

＊ この注記は，ISO 3534-2 の注記2をそのまま示す．

B.3　影響量（influence quantity）

直接測定で，実測される量には影響を与えず，指示値と測定結果との関係に影

響を与える量[H.7].

例
1. 交流電流の一定振幅電流計による周波数の直接測定.
2. ヒト血漿中のヘモグロビン物質量濃度の直接測定におけるビリルビンの物質量濃度.
3. 棒の長さ測定に使われるマイクロメーターの温度.しかし,棒それ自身の温度ではなく,測定量の定義の一部になることができる温度.
4. 物質量分率を測定している間の,質量分析計のイオン源のバックグラウンド圧力[*1].

注記1：間接測定は,各測定が影響量に影響される直接測定の組合せを含む.
注記2：GUM 中で,「影響量」の概念は計測系に影響する量だけを含めるだけではなく,上記の定義のように実際に測定される量に影響する量も含め,VIM の第2版のように定義されている.GUM においてもまた,この概念は直接測定に限定していない.

測定(measurement)

B.4 測定量(measurand)[*2]

測定されようとする量[H.7].

注記：「測定量」とその「分析種」濃度,または量に関する詳細な考察と完全な注釈については,文献[H.5]を参照されたい.

B.5 測定(measurement)

量に対して合理的に割り当てられる,一つまたはそれ以上の量値を実験的に得るプロセス[H.7].

注記：「測定」と「測定結果」の詳細な考察,そして十分な注釈は文献[H.5]を参照されたい.

[*1]訳注：同位体比測定における質量分析器のイオン源の真空度のこと.
[*2]訳注：「測定対象量」(TSZ0032, TSZ0033)とも訳されるが,本書では,JISZ8404-1 および JISZ8404-2 と同様に「測定量」と訳した.なお,JISK0211：2013「分析化学用語(基礎部門)」には両方が併記されている.

158　付録B. 用語の定義

B.6　測定手順（measurement procedure）

ある方法に従う，測定の実行に使われる，具体的に記述された一連の手順[H.7].

注記：測定手順は，しばしば「測定操作」（または「測定方法」）と名付けられることもある文書に記録され，かつ作業者が追加情報なしに測定を実行するために，通常は十分詳細である．

B.7　測定方法（method of measurement）

測定の実施に使われる，一般的に記述された操作の論理的順序[H.7]．

注記：測定方法は，例えば次のような種々の方法に限定される．
　　―置換法（substitution method）
　　―差動法（differential method）
　　―零位法（null method）

不確かさ（uncertainty）

B.8　測定の不確かさ（uncertainty of measurement）

測定量に合理的に起属すると考えられ，測定結果に結び付いた値のばらつきの特性を示すパラメータ[H.2]．

注記1：パラメータは，例えば，標準偏差（またはそのある倍数），または信頼区間の幅であってもよい．

注記2：一般的に，測定の不確かさは数多くの成分からなる．それらのいくつかの成分は，一連の測定結果の統計学的分布から評価され，そして実験から得た標準偏差によって特徴付けられる．標準偏差によって特徴付けられるそれ以外の成分は，実験または他の情報に基づいて仮定される確率分布から評価される．

注記3：測定結果は測定量の最良の推定値で，補正と参照標準に関連する成分などの系統的な影響から生じる不確かさを含み，それら全ての不確かさ成分はばらつきに寄与するものと理解される．

B.9　トレーサビリティ（traceability）

個々の校正が測定不確かさに寄与する，文書化された切れ目のない校正の連鎖を通して，測定結果を計量参照に関連付けることができる測定結果の性質[H.7]．

注記:完全な註釈と「計量トレーサビリティ」の詳細な考察には文献[H.5]を参照し,このガイドの目的のために考察する場合は3.3節を参照されたい.

B.10 標準不確かさ(standard uncertainty)

$u(x_i)$ 標準偏差で表された測定結果 x_i の不確かさ[H.2].

B.11 合成標準不確かさ(combined standard uncertainty)

$u_c(y)$ 測定の結果をいくつかの他の量の値によって求める時の,測定の結果の標準不確かさ.これは,これらの各量の変化に応じて測定結果がどれだけ変わるかによって重み付けした,分散または他の量との共分散の和の正の平方根に等しい[H.2].

B.12 拡張不確かさ(expanded uncertainty)

U 測定の結果について,合理的に測定量に結び付けられ得る値の分布の大部分を含むと期待する区間を定める量[H.2].

注記1:この部分の比率は,区間の包含確率または信頼の区間とみなされる.
注記2:特定の信頼の水準に,拡張不確かさによって定める区間を関連付けるには,測定結果およびその合成標準不確かさが特徴付ける確率分布に関する明示的または暗示的仮定を必要とする.このような仮定が正当化できる範囲に限って,この区間に付随する信頼の水準を知ることができる.
注記3:拡張不確かさ U は,合成標準不確かさ u_c と用いる包含係数 k から次式のように計算される.

$$U = k \times u_c$$

B.13 包含係数(coverage factor)

k 拡張不確かさを求めるために,合成標準不確かさに乗じる数として用いる数値係数[H.2].

注記:包含係数は,代表的には2〜3の範囲にある.

B.14 不確かさのタイプA評価(type A evaluation of uncertainty)

一連の観察結果の統計学的分析による不確かさ評価法[H.2].

160   付録B. 用語の定義

B.15 不確かさのタイプB評価(type B evaluation of uncertainty)

一連の観察結果の統計学的分析以外の方法による不確かさ評価法[H.2].

誤差(error)
B.16 測定の誤差(error of measurement)

測定された量の値から参照値を差し引いたもの[H.7].

注記:「測定誤差」と関連する用語の詳細な考察は,文献[H.5]を参照されたい.

B.17 偶然誤差(random error)

繰返し測定において,予測不可能な方法で変化する測定誤差成分[H.7].

注記:「測定誤差」と関連する用語の詳細な考察は,文献[H.5]を参照されたい.

B.18 系統誤差(systematic error)

繰返し測定において,一定のまま残るか,あるいは予測できる方法で変化する測定誤差成分[H.7].

注記:「測定誤差」と関連する用語の詳細な考察は,文献[H.5]を参照されたい.

統計学的用語(statistical terms)
B.19 相加平均(arithmetic mean)

$\bar{x}$ n 個の試料の測定結果の算術平均値.

$$\bar{x} = \frac{\sum_{i=1,n} x_i}{n}$$

B.20 標本標準偏差(sample standard deviation)[*3]

s n 個の結果の試料(標本)からの母標準偏差 σ の推定値.

[*3] 訳注:GUM[H.2]では実験標準偏差(experimental standard deviation)としている.

$$s = \sqrt{\frac{\sum_{i=1}^{n}(x_i - \bar{x})^2}{n-1}}$$

B.21 平均の標準偏差 (standard deviation of the mean)

$s_{\bar{x}}$　　母集団からとられる，n 値の平均 $\bar{x}$ の標準偏差は次式で与えられる．

$$s_{\bar{x}} = \frac{s}{\sqrt{n}}$$

「標準誤差」と「平均の標準誤差」の用語は，かつて同じ量を述べるために使われた．

B.22 相対標準偏差 (RSD, relative standard deviation)

RSD　　標本の平均によって割った，n 個の結果の統計学的標本からの母標準偏差の推定値．しばしば，変動係数(CV)として知られている．また，時々パーセントで(本ガイドでは％RSD または％CV で)表される．

$$RSD = \frac{s}{\bar{x}}$$

付録C. 分析プロセスにおける不確かさ

C.1 分析操作中の可能性がある不確かさ要因を特定するため，分析方法を次のような一般的なステップに分解するのが有効である．
1. サンプリング
2. 試料調製
3. 測定システムへ認証標準物質の適用
4. 機器の校正
5. 分析（データ収集）
6. データ処理
7. 結果の報告
8. 分析結果の解釈

C.2 上記各ステップの不確かさの寄与は，さらに次のように分解できる．以下のリストは必ずしも包括的ではないが，考慮すべき要因を示す．
1. サンプリング
   —均質性
   —特別なサンプリング法の影響（例えば，ランダム・サンプリング（random sampling），層別ランダム・サンプリング（stratified random sampling），比例サンプリング（proportional sampling）等）
   —試料の移動の影響（特に密度による選択）
   —試料の物理状態（固体，液体，気体）
   —温度と圧力の影響
   —サンプリング・プロセスが組成に影響しないか？ 例えば，サンプリングシステムにおける特異的な吸着．

2. 試料調製
　—均質化，および/またはサブサンプリングの影響
　—乾燥
　—分解
　—抽出
　—汚染
　—誘導体化（化学効果）
　—希釈誤差
　—（前）濃縮
　—スペシエーション効果の制御
3. 計測系への認証標準物質（CRM）の適用
　— CRM の不確かさ
　—試料と校正物質との適合性
4. 機器の校正
　—認証標準物質の使用による機器の校正誤差
　—標準物質とその不確かさ
　—試料の検量体との一致性
　—機器の精度
5. 分析
　—自動分析装置のキャリーオーバー[*1]
　—分析者の影響（例えば，視覚異常，視差，その他の系統誤差）
　—マトリックス，試薬，または他の分析種の妨害
　—試薬純度
　—機器のパラメータ設定（例えば，積分パラメータ）
　—測定ごとの精度
6. データ処理
　—平均化
　—四捨五入と切り捨ての管理
　—統計

[*1]訳注：前の試料が測定されないで，次の試料の測定時に残っていること．

―処理アルゴリズム(関数フィッティング，例えば線形最小二乗)
7. 結果の報告
　　―最終結果
　　―不確かさの推定
　　―信頼水準
8. 分析結果の解釈
　　―限界／範囲に対して
　　―法規制の順守
　　―合目的性

付録 D. 不確かさの要因解析

D.1 まえがき

一般に，分析法に関係する不確かさの要因リストの作成と記録が必要になる．このプロセスは，広範囲な対象を確実にすることと，要因の集計をしすぎることを防ぐための両方のプロセスを構造化するために多くの場合有効である．これまでに発表された文献[H.26]に基づいた以下に示す手順は，適切な不確かさ寄与の構造化解析(structured analysis)を展開する一つの有効な方法である．

D.2 方法の原理

D.2.1 取り組み方には，次に示す二つの段階がある．
・結果への影響の特定
　実際に，必要な構造化解析はIshikawaの図，またはフィッシュボーン(魚の骨格)図として知られる「**特性要因図**」[H.27]を使用することによって効果的に行うことができる．
・簡素化と重複の解決
　最初のリストの表示を簡単にするために改良し，影響が不必要に重複しないようにする．

D.3 要因と影響解析

D.3.1 特性要因図を作成するための原理は，他の文献等に詳しく記述されている．使用する手順を以下に示す．

1. 結果を求めるための完全な計算式をたてる．式中のパラメータが特性要因図の主枝[*1]となる．大抵の場合，全体のかたよりのための補正を表す主枝を通常回収率として加える必要があり，この段階でそれが適切であるならば，結果的に推奨される．
2. 分析方法の各段階を考察し，主な効果から小さな効果まで，影響する全ての因子を図に加える．例えば，環境とマトリックスの影響を含める．
3. 各枝に対し，結果への影響が無視できる程度まで寄与する要因を加える．
4. 重複を解決し，不確かさの寄与と要因に関係するグループを明らかにするため，再び整理する．この段階で，それぞれの精度の枝をグループ化するのが便利である．

D.3.2 要因と影響解析の最終段階では，さらに解明が必要になる．全ての入力パラメータに対する寄与分を別々に列挙していくうちに，自然に重複が生じる．例えば，全ての影響因子に対する測定ごとの変動因子は，少なくとも名目上はいつも存在する．方法全体に対するそれらの影響は，観察される全ての分散に寄与し，もしすでに見積もられているならば，別々に加えてはならない．同様に，物質の秤量に同じ機器を使用する場合，校正の不確かさを見積もり過ぎてしまうことはよくみかける．それらを考察することにより，以下に示す図を改良するための追加ルールが導入される（それらは，あらゆる影響の構造化リストにも同じように上手く適合する）．

・相殺する影響：　両方とも取り除く．例えば，風袋差し引きによる秤量では，二つの重さが測定されるが，それらは天秤の「零バイアス」の影響を受けている．零バイアスは二つの重量差によって相殺され，別々の秤量の枝から取り除くことができる．
・類似の影響，同じ時間：　一つの入力に合わせる．例えば，多数の入力の測定実施ごとの変動は，実施ごとの全体精度の「枝」に統合できる．注意がいくらか必要で，特に各測定に対し個々に実施される操作中の変動は統合できるが，

[*1] 訳注：特性要因図は fishborne 図ともよばれるので，「主骨」が相応しいかもしれないが，原著でも「main branche」とされていることと，図の形態からも，「主枝」が相応しいので，このようにした．

機器の校正のように，完全なバッチで行われる操作の変動は，バッチ間での精度の大きさが観察されるだけである．
・異なる例： ラベルし直し．同様の測定の異なる事例に対して，実際に似たような名称の付けられていることがよくある．それらは，その先に進む前にはっきり区別しなければならない．

D.3.3 この解析の仕方は，独自に構造化されたリストを導くものではない．以下に示す例では，温度は測定される密度に直接影響するか，あるいは密度を測定する容器(比重瓶)中に入れた物質の質量測定に影響するかもしれない．どちらかが最初の枝を形作る．実際上，これは影響解析の実用性には影響しない．重大な影響がどれかのリスト中に一度現れれば，全体の手順は有効なままである．

D.3.4 いったん因果関係の解析が完了すれば，結果を計算する元の式に立ち戻り，そして温度のような新しい項を式に追加することが適切である．

D.4 例

D.4.1 簡略化した直接密度測定法の操作を解説する．風袋質量 m_{tare} の空容器に体積 V のエタノールを入れ，その全質量 m_{gross} の測定によるエタノール密度の直接測定 $d(\text{EtOH})$ を考える．密度は次式で計算する．

$$d(\text{EtOH}) = (m_{gross} - m_{tare})/V$$

わかりやすくするため，機器の校正，温度，各測定の精度の三つの影響だけを考察する．図 D.1〜D.3 にそのプロセスを示す．

D.4.2 特性要因図は，単一の結果を頂点とする階層構造(hierarchical structure)からなる．この目的において得られる単一の結果というのは，特定の分析結果(図 D1 中の d_{EtOH})である．その結果を導く「枝」は，環境影響またはマトリックス効果のような特定の中間測定結果と他の因子の両方を含む．各枝は，順次さらに寄与する影響をもつ．それらの影響は，変化するもの，または一定なものに関わらず結果に影響する全ての因子を含み，それらの影響のどの不確かさも結果の不確かさに明白に寄与する．

D.4.3 図 D.1 は，不確かさ評価の手順 1～3 を適用して得られる図を示す．主枝は結果を導く計算式中のパラメータで，各パラメータに対する影響は小さな枝で表される．ここでは，2 つの「温度」の影響，3 つの「精度」の影響，そして「校正」の影響に注意してほしい．

D.4.4 図 D.2 には，それぞれ第 2 のルール(類似の影響／同じ時間)に従ってグループ化された精度と温度の影響を示す．温度は密度に対する単一の影響として扱われるが，各測定における個々の変動は，方法全体の繰り返しによって観測される変動に寄与する．

D.4.5 2 回の秤量における校正のかたよりは相殺され，第 1 の改良ルール(キャンセル)に従ってこれらを取り除くことができる(図 D.3)．

D.4.6 最後に残った「校正」の枝は，可能性がある天秤応答の非直線性と体積測定に付随する校正不確かさで，異なる 2 つの校正不確かさの寄与は区別する必要がある．

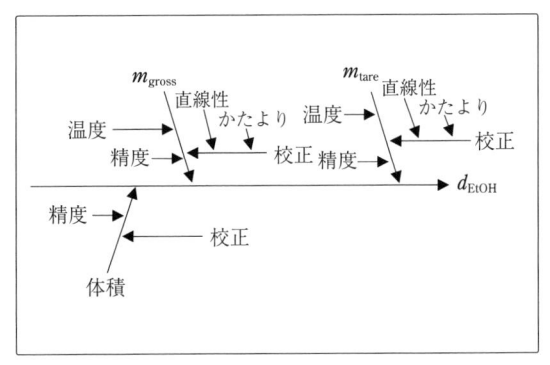

図 D.1 最初のリスト

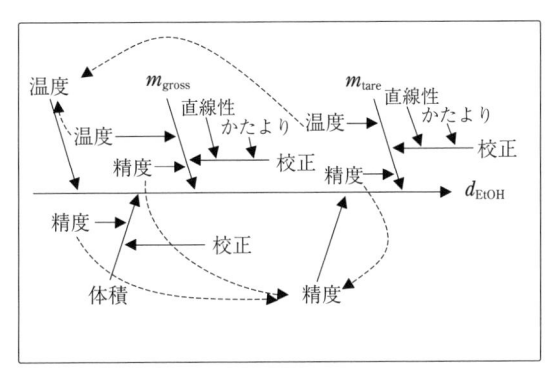

図 D.2 同じ影響の統合

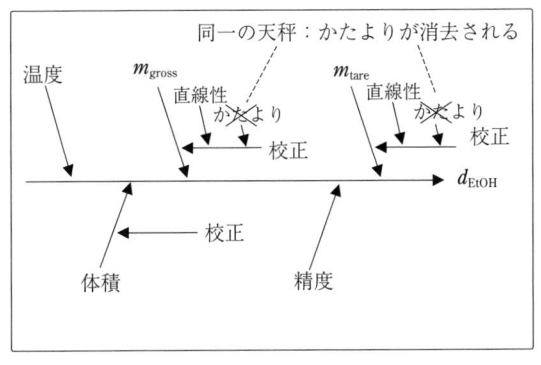

図 D.3 消　去

付録 E. 有用な統計学的手法

E.1 分 布 関 数

以下の表は，最も重要な 3 種類の分布関数のパラメータからどのようにして標準不確かさを計算し，そしてそれぞれの関数はどのような状況で適用するかの目安を示している．

例

化学者は，寄与する係数が 7 以下でも 10 以上でもないと推定するが，7 から 10 の範囲内のある部分で他の部分よりもさらに存在確率が高いかどうかということは考えないで，その値はその中間にあると感じている．というのが範囲 $2a = 3$（半範囲 (semi-range) $a = 1.5$）における矩形分布関数の説明である．以下の矩形分布関数を使用し，標準不確かさの推定値を計算できる．上に示す半範囲 $a = 1.5$ を使用し，標準不確かさは $(1.5/\sqrt{3}) = 0.87$ になる．

矩形分布		
形	適用される状況	不確かさ
![2a(=±a), 1/2a, x の矩形図]	・認証書または仕様書が，信頼水準を規定しないで限界を与えている（例えば，25 mL ± 0.05 mL）． ・推定値は，分布の形が不明であるが，最大範囲（±a）の形で表される．	$u(x) = \dfrac{a}{\sqrt{3}}$

三角分布

形	適用される状況	不確かさ
$2a(=\pm a)$, $1/a$, x	・得られる x の情報は，矩形分布のものほど限定されない．x に近い値のほうが，境界付近よりも存在確率が高い． ・推定値は，最大範囲（$\pm a$）の左右対称分布によって表される．	$u(x) = \dfrac{a}{\sqrt{6}}$

正規分布

形	適用される状況	不確かさ
2σ, x	・推定値は，ランダムに変動するプロセスの繰返し測定によって求められる． ・不確かさは，分布を明記しないで，標準偏差 s，相対標準偏差 $s/\bar{x}$，または変動係数%CV の形で与えられる． ・不確かさは，分布を明記しないで，95%（またはそれ以外）信頼区間 $x \pm c$ の形で与えられる．	$u(x) = s$ $u(x) = s$ $u(x) = x \cdot (s/\bar{x})$ $u(x) = \dfrac{\% \text{CV}}{100} \cdot x$ $u(x) = c/2$ （95%における c に対し） $u(x) = c/3$ （99.7%における c に対し）

E.2 表計算ソフトウェアによる不確かさの計算

E.2.1 8章に示した計算を簡単にするため，表計算ソフトウェアが使われる．この方法では微分の近似数値法を活用し，最終結果を求めるための計算式とパラメータの数値(すべての補正係数，または影響を含む)，そしてそれらの不確かさ情報から，合成不確かさを計算するものである．本節の記述は Kragten[H.22] の方法に従う．

E.2.2 $u(y(x_1, x_2, \cdots x_n))$ に対する式で，

$$\sqrt{\left(\frac{\partial y}{\partial x_i} \cdot u(x_1)\right)^2 + \sum_{i,k=1,n}\left(\frac{\partial y}{\partial x_i} \cdot \frac{\partial y}{\partial x_k} \cdot u(x_i, x_k)\right)}$$

$y(x_1, x_2, \cdots, x_n)$ が x_i に線形であるか，あるいは $u(x_i)$ が x_i に比べて小さいか，のどちらかの条件で，偏微分方程式 $\left(\frac{\partial y}{\partial x_i}\right)$ は次のように近似される．

$$\frac{\partial y}{\partial x_i} \approx \frac{y(x_i + u(x_i)) - y(x_i)}{u(x_i)}$$

x_i の不確かさによる y の不確かさ $u(y, x_i)$ を求めるため，$u(x_i)$ を掛けると次式が得られる．

$$u(y, x_i) \approx y(x_1, x_2, \cdots, (x_i + u(x_i)), \cdots, x_n) - y(x_1, x_2, \cdots, x_i, \cdots, x_n)$$

したがって，$u(y, x_i)$ はちょうど $[x_i + u(x_i)]$ と x_i それぞれに計算される y 値間の差になる．

E.2.3 $u(x_i)/x_i$ の線形性，あるいは小さな値という仮定は，あらゆるケースで厳密に満足されることはない．それにも関わらず，$u(x_i)$ 値の推定で行われる必要な近似に対して考慮した時，この方法は実際的目的を満足できる正確さを与えてくれる．文献[H.22]では，この点をさらに十分に考察し，そして仮定の正しさをチェックする方法を提案している．

E.2.4 結果 y を四つのパラメータ p, q, r, s の関数と仮定し，基本的なスプ

レッドシートを次のように設定する.

i) スプレッドシートのA列にyを計算するための数値p, q, r, s等と式を入力する. 全ての変数に対するyを計算する列Aを行B—Eにいったんコピーする(図E2.1). 図に示すように, $u(p)$, $u(q)$などの不確かさの値を1行目に置くと便利である.

ii) 図E2.2に示すように, セルB3中のpに$u(p)$, セルC4中のqに$u(q)$のように, 各値にそれらの不確かさを加える. スプレッドシートの再計算によって, セルB8はパラメータ$f(p+u(p), q, r \cdots)$になり(図E.2.2とE.2.3中で$f(p', q, r, \cdots)$と表示), セルC8は$f(p, q+u(q), r, \cdots)$等のようになる.

iii) 第9行に第8行マイナスA8(例えば, B9セルにはB8−A8)を入力する. これによって, $u(y, p)$の値は次のようになる.

$$u(y, p) = f(p+u(p), q, r, \cdots) - f(p, q, r, \cdots) \text{ 等}$$

注記:これによって符号がついた差が与えられる. その大きさは, 推定された標準偏差で, 符号は変化の方向を表す.

iv) yの標準不確かさを得るため, 10行目に$u(y, p)^2$を入力し, A10にそれらの合計の平方根をとることにより, 個々の寄与は二乗後, 互いに合計され, そしてその平方根が得られる(図E.2.3参照). すなわち, セルA10にはyの標準不確かさを与えるため, 次式を設定する.

$$\text{SQRT(SUM(B10 + C10 + D10 + E10))}$$

E.2.5 セルB10, C10等の数値は, yの不確かさに寄与する個々の不確かさ成分の二乗$u(y, x_i)^2 = (c_1 u(x_i))^2$を示し, これらの値からどの成分が重要かどうかを容易に見分けることができる.

E.2.6 個々のパラメータ値が変化し, または不確かさが改善されたときの, 計算の更新は簡単である. 上記のステップi)において, 列Aを直接列B−Eにコピーするよりも, pからsまでの値を参照してコピーする. つまり, セルB3からE3が全てA3を参照し, B4からE4はA4を参照する等. 図E2.1の水平矢印は, 行3を参照していることを示す. セルB8からE8は, 各列BからEの値を参照しなければならない. 上記のステップii)では, 図E2.1の矢印で示すように,

付録 E. 有用な統計学的手法

	A	B	C	D	E
1		u(p)	u(q)	u(r)	u(s)
2					
3	p	p	p	p	p
4	q	q	q	q	q
5	r	r	r	r	r
6	s	s	s	s	s
7					
8	y=f(p,q,..)	y=f(p,q,..)	y=f(p,q,..)	y=f(p,q,..)	y=f(p,q,..)
9					
10					
11					

図 E2.1

	A	B	C	D	E
1		u(p)	u(q)	u(r)	u(s)
2					
3	p	p+u(p)	p	p	p
4	q	q	q+u(q)	q	q
5	r	r	r	r+u(r)	r
6	s	s	s	s	s+u(s)
7					
8	y=f(p,q,..)	y=f(p',...)	y=f(..q',..)	y=f(..r',..)	y=f(..s',..)
9		u(y,p)	u(y,q)	u(y,r)	u(y,s)
10					
11					

図 E2.2

	A	B	C	D	E
1		u(p)	u(q)	u(r)	u(s)
2					
3	p	p+u(p)	p	p	p
4	q	q	q+u(q)	q	q
5	r	r	r	r+u(r)	r
6	s	s	s	s	s+u(s)
7					
8	y=f(p,q,..)	y=f(p',...)	y=f(..q',..)	y=f(..r',..)	y=f(..s',..)
9		u(y,p)	u(y,q)	u(y,r)	u(y,s)
10	u(y)	u(y,p)^2	u(y,q)^2	u(y,r)^2	u(y,s)^2
11					

図 E2.3

行 1 を参照する．例えば，セル B3 は A3 + B1 になり，セル C4 は A4 + C1 のようになる等．パラメータ，または不確かさのどちらかの変化は，A8 の全体結果と A10 の合成標準不確かさに瞬時に反映される．

E.2.7 もし変数が相関関係にあるならば，必要な追加項は A10 中の SUM に追加する．例えば，もし p と q が相関係数 $r(p,q)$ で相関があれば，平方根をとる前に追加項 $2 \times r(p,q) \times u(y,p) \times u(y,q)$ が，計算された和に加えられる．相関関係は，適切な追加項をスプレッドシートに加えることによって，簡単に含めることができる．

E.3 モンテカルロ・シミュレーションによる不確かさ評価
E.3.1 はじめに

計量学のガイドを作成するための合同委員会(JCGM)第一作業部会(WG1)は，2008年にGUMの補填版(GS1)を発行した[H.23]．この補填版では，測定不確かさ評価のための「分布の伝ぱ」とよばれる一般的方法を述べている．この方法は，モンテカルロ・シミュレーション(MCS)法によって不確かさを数値的に評価するもので，原理的に簡単で，適当なソフトウェアによって簡単に使用できる．基本的に，MCS法はGUMとKragtenの方法が適用される全ての状況に適用できる．さらに，測定結果を反復数値計算法(interative numerical procedure)[*1]で計算する時に使うことができる．ここではMCS法を簡単に述べる．

E.3.2 原　理

MCSは付録E.2と同じように，結果に影響する全ての各因子について，測定プロセスを表す測定モデルを必要とする．測定モデルは，付録E.2またはコンピュータ・プログラム，あるいは測定結果を求める関数などである．さらに，付録E.1で述べた正規分布，三角分布，または矩形分布のような，入力量に対する確率分布(確率密度関数またはPDF(probability density functions)とよばれる)が必要になる．8.1節ではそれらのPDFが，下限または上限，あるいは推定値とそれに付随する不確かさなどの入力量についての一般に入手できる情報から，どのようにして得られるかを述べている．GS1は，それ以外のケースに対しても解説している．

モンテカルロ・シミュレーションは，各入力量のPDFからランダムに導かれる各入力量の一つの値に対応する結果を計算し，そしてこの計算を多数回，一般的には10^5から10^6回繰り返す(トライアル(trial))．このプロセスはいくつかの仮定の下，測定量の値に対するPDFの近似を形づくる一組のシミュレーション結果をつくる．この一組のシミュレーション結果から，平均値と標準偏差が計算される．それらは，GUMのGS1で各測定量の推定値とそれに付随する標準不確

[*1] 訳注：「interative numerical procedure」の日本語訳が見つからないのでこのように表した．

かさとして使われる．このプロセスを図 E3.1(B) に通常の GUM の方法(図 E3.1(A))と比較して示す．GUM の方法は，測定量の推定値とそれに付随する標準不確かさを与え，入力量の推定値とそれに付随する標準不確かさを合成する．GS1 の方法(図 E3.1(B))は，出力分布を計算するために入力分布を使う．

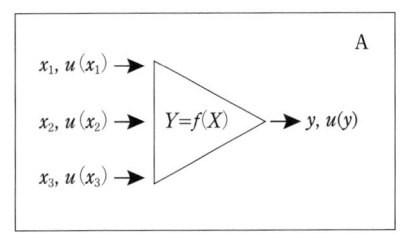

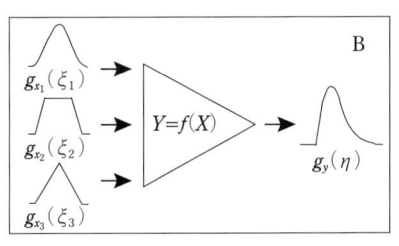

図 E3.1 三つの独立した入力量に対する (A) 不確かさの伝ば則と，(B) 分布の伝ばの比較．$g(\xi_i)$ は，x_i と結果の密度関数 $g(\eta)$ に関係する確率密度関数 (PDF) である．

E.3.3 MCS, GUM, Kragten の方法間の関係

多くの場合，GUM，Kragten，MCS 法は，測定量の推定値に付随する標準不確かさに対し，実質的に同じ値を与える．分布が正規からはるかにかけ離れ，そして測定結果が一つまたはそれ以上の入力量の非線形度(non-linearity)に依存する場合，それらの違いは明白になる．非線形度がかなり大きい場合，8 章に示した基本的な GUM の方法は上手くいかない．非線形度は，高次の項を含めて計算を拡大することによって GUM の中で対処することができる(文献[H.2]に詳細が記載されている)．もしそうだとしたら，入力量が標準不確かさによって変化する時，Kragten の方法(付録 E2)は結果の実際の変化を計算するため，8.2.2 項の一次式より，より現実的な不確かさの推定値を与えそうである．

十分な大きさのシミュレーションに対し，MCS は，追加的に入力と出力分布の極限(extremes)を検証するため，常により優れた近似値を与えてくれる．分布が大幅に正規分布からかけ離れる場合，Kragten と基本的な GUM の方法は推定標準不確かさを与えてくれるが，MCS は分布を表示してくれ，そして結果的に $y \pm U$ の区間よりも優れた実際の「包含区間(coverage interval)」の表示(indication)を与えることができる．

MCSの主な欠点を以下に示す．
・信頼性の高い区間を得ようとする場合，特に複雑で長時間の計算が必要になる．
・シミュレーションの意図的なランダム性によって，計算される不確かさは1回ごとに変わる．
・繰返しシミュレーションを行わないで，合成不確かさの最も重大な寄与を特定することは難しい．

　しかし，基本的な GUM 法，Kragten 法，MCS 法は，それぞれ問題の異なる部分の本質を見抜いてくれるため，適切な不確かさの見積もりにいつも有用である．基本的な GUM 法と Kragten 法間の大きな違いは，しばしば大きな非線形度を示すことであり，Kragten 法または基本的 GUM 法と MCS 法間の大きな違いは正規性からの大きな逸脱を示すことである．異なる方法が著しく異なる結果を与えるとき，その違いの原因を調べなけらばならない．

E.3.4 スプレッドシートへの導入

　MCS は，その目的に合わせて設計されたソフトウェアを用いるのが最もよい．しかし，小規模のシミュレーションによる MCS 推定値を得るために，表 E3.1 に示すようなスプレッドシート関数を使うことができる．値 y が，入力値 a，b，c から次式によって計算される．以下に示す簡単な例を使用してその手順を示す．

$$y = \frac{a}{b-c}$$

（これは，例えば少量の全質量 b と風袋 c から測定される分析種の質量 a について計算される質量分率である）．数値，標準不確かさ，a，b，c に割り当てられる分布を表 E3.2 中の第 3 と 4 行目に示す．

　表 E3.2 にその手順も示す．

ⅰ）　入力パラメータとそれらの標準不確かさ（あるいは，オプションで矩形または三角分布に対する半値幅）をスプレッドシートの第 3 と 4 行目に入力する．

ⅱ）　結果 y に対する計算を入力値のリスト右側（G列）3 行目に入力する．

ⅲ）　値と不確かさが入力される行より下の，適当な行から始まり（表 E.3.2 中では 8 行目が開始行），各分布に対し適切な式を各入力パラメータの下に入力する．種々の PDF からのランダム・サンプル（random sample）[*2]を発生させるために有用なスプレッドシートの式を表 E3.1 に示す．式にはパラ

E.3 モンテカルロ・シミュレーションによる不確かさ評価　179

表 E3.1　モンテカルロ・シミュレーションのためのスプレッドシートの作成

分 布	PDF の形式 *1
正規分布	NORMINV(RAND(),x,u)
矩形分布	
与えられた半値幅　a：	$x+2*a*$(RAND()-0.5)
与えられた標準不確かさ　u：	$x+2*u*$SQRT(3)$*$(RAND()-0.5)
三角分布	
与えられた半値幅　a：	$x+a*$(RAND()$-$RAND())
与えられた標準不確かさ　u：	$x+u*$SQRT(6)$*$(RAND()$-$RAND())
t*2	$x+u*$TINV(RAND(),v_{eff})

*1：x は入力量 x_i の値，u は相当する標準不確かさ，a は考慮する三角または矩形分布の半値幅，v は相当する自由度に置き換えなければならない．

*2：この式は，標準偏差が与えられ，それに自由度 v と t 分布が付随することが知られている時に適用される．これは報告される実効自由度 v_{eff} による，報告される標準不確かさに特有である．

メータ値と不確かさを含む行への絶対参照(式中に $ で示される)を含めなければならないことに注意する．

iv)　結果 y に対する計算は，入力値のリスト右側の乱数値の最初の行にコピーする．

v)　乱数値の式とそれに対応して計算される結果の式を含む行は，必要な繰返し数を与えるため，下方にコピーする(表 E3.2 では繰返し数が 500 回)．

vi)　y 中の標準不確かさの MCS 推定値は，y の全てのシミュレーションされた値の標準偏差であり，これは表 E3.2 中の G4 セル中に示される．

---

*2 訳注：無作為標本ともよばれる．

表 E3.2 モンテカルロ・シミュレーションを実行するためのスプレッドシート

	A	B	C	D	E	F	G
1							
2			a	b	c		y
3		値	1.00	3.00	2.00		=C3/(D3 − E3)
4		標準不確かさ	0.05	0.15	0.10		=STDEV(G8：G507)
5		分 布	正 規	正 規	正 規		
6							
7		シミュレーション	a	b	c		y
8			=NORMINV(RAND(), C$3,C$4)	=NORMINV(RAND(), D$3,D$4)	=NORMINV(RAND(), E$3,E$4)		=C8/(D8−E8)
9			1.024 702	2.685 85	1.949 235		1.391 10
10			1.080 073	3.054 451	1.925 224		0.956 47
11			0.943 848	2.824 335	2.067 062		1.246 38
12			0.970 668	2.662 181	1.926 588		1.319 57
⋮			⋮	⋮	⋮		⋮
506			1.004 032	3.025 418	1.861 292		0.862 48
507			0.949 053	2.890 523	2.082 682		1.174 80
508							

パラメータ値は第 3 行 C3 から E3 に，そしてそれらの標準不確かさをその下の行 C4 から E4 に入力する．結果 y の計算はセル G3 に入力する．乱数を発生させるための適切な式と，結果を計算するための式（ここではセル G8）のコピーを同時に第 8 行に入力する．G8 は第 8 行中のシミュレーションした値を参照することに注意．第 8 行は必要なモンテカルロ・シミュレーションの繰返し回数を与えるため，下方にコピーされる．数字は結果として生じる第 9 行からその先の任意の値を示す．y の標準不確かさは，y のシミュレーションした結果の標準偏差として計算される．

スプレッドシートに内蔵されている関数を使用してヒストグラムを作成することにより，分布を検査することができる．ここで取り上げた例では，表 E3.2 の値を使い 500 回の繰り返しによって y の標準不確かさとして 0.23 が得られた．10 回繰り返しによるシミュレーション（スプレッドシートの再計算により），標

準不確かさとして 0.197 から 0.247 の範囲の値が与えられた．基本的な GUM 法によって計算された 0.187 の標準不確かさと比較すると，一般に MCS 法はより高い標準不確かさ推定値を与える．この理由は，シミュレーション結果のヒストグラム（図 E3.2）を調べることによってわかる．入力パラメータは正規に分布しているが，出力結果はわずかに正側へゆがみを示し，これによって標準不確かさが予想値よりも高い結果になる．これは大きな非線形度によって生じる．b と c の不確かさは，分母 $b - c$ の大きな割合を占め，分母の非常に小さな値に比例し，y の高い推定値に対応する，ということに留意する必要がある．

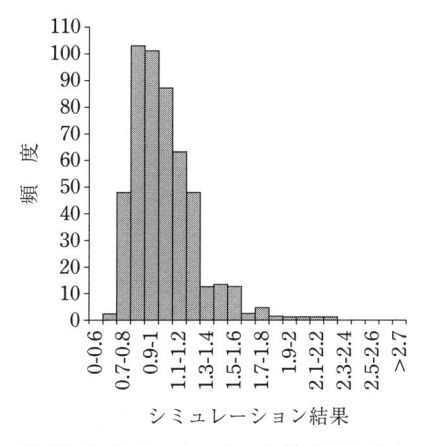

図 E3.2 シミュレーション結果のヒストグラム

E.3.5 不確かさ評価に MCS を使用する実際的考察

MCS 標本数

MCS では 2～3 百回の試行によるシミュレーションでも，優れた標準不確かさ推定値が得られる．1000 標本と 10000 標本に対し，予想される範囲は約 ±5% と ±1.5%（カイ二乗分布に対する 95% 区間に基づく）であるのに対し，わずか 200 回の試行でも推定標準不確かさは最高の推定値から約 ±10% 程度の変化にすぎない．多くの入力量の不確かさが，はるかに少ない標本数の観察によって得られることを踏まえれば，500～5000 MCS 標本の比較的小規模のシミュレーション

は，少なくとも探索的試験(exploratory studies)と，多くの場合の報告する標準不確かさに適しているであろう．このような目的に対しては，スプレッドシートによる MCS 計算でおおむね十分であるといえる．

MCS からの信頼区間

原理的に，例えば分位数(quntile)*3 を使用することによって，実効自由度を使用せずに MCS の結果から信頼区間を推定することができる．しかし，結果に対して得られる PDF の見かけ上の詳細情報によって間違った方向に誘導されないことが重要である．PDF の基となるそれらの情報は必ずしも信頼できるものではないので，入力量に対する PDF の詳細情報の欠如は留意しておく必要がある．PDF の"すそ"(tail)はそのような情報に特に敏感である．このため，GUM の G1.2 節に指摘されているように，「きわめて類似する信頼の水準をもつ区間(例えば信頼水準 94％と 96％のような)を区別しようとする試みはあまり意味をなさない」．さらに，GUM は 99％以上の信頼の水準をもつ正当な区間を求めることは特に困難であると指摘している．出力量に対する PDF の"すそ"について十分な情報を得るためには，少なくとも 10^6 回の試行に対する結果を計算する必要がある．ソフトウェアによる乱数発生器の使用によって入力量の PDF からそのような多数の試行数に対するランダム性を保つことができる．これにはよく特徴付けられた数値計算ソフトウェアが必要である．GS1 はいくつかの信頼できる乱数発生器を推奨している．

出力分布の非対称性によるかたより

測定モデルが非線形で，推定値 y に付随する標準不確かさが y に比べて大きい(つまり，$u(y)/y$ が 10％よりもはるかに大きい)時，MCS の PDF は非対称になる可能性がある．この場合，シミュレーション結果から計算される平均値は，入力量の推定値から計算される測定量の値(GUM のような)とは異なるだろう．多くの化学計測の実際的な目的に対し，元の入力値から計算された結果が報告されるべきである一方，MCS の推定値は，付随する標準不確かさを与えるために使われ得る．

---

*3 訳注：変位値ともよばれる．

E.3.6 不確かさの MCS 評価の例

例 A.2：フタル酸水素カリウム (KHP) 標準物質を使用する水酸化ナトリウム濃度の標定を例に，MCS 評価を行う．

NaOH の濃度 c_NaOH の測定関数は次のとおりである．

$$c_\mathrm{NaOH} = \frac{1000 m_\mathrm{KHP} P_\mathrm{KHP}}{M_\mathrm{KHP} V} \quad [\mathrm{mol\ L^{-1}}]$$

ここで，

m_KHP ：KHP の質量，
P_KHP ：KHP の純度，
M_KHP ：KHP の分子量，
V ：KHP の滴定に要した NaOH の体積，を表す．

この測定関数のパラメータのいくつかは，さらに別のパラメータによって表される．それらの各パラメータは MCS の基本として PDF で表さなければならないので，パラメータの関数を基本的なパラメータで表現する必要がある．
m_KHP は秤量差によって得られる．

$$m_\mathrm{KHP} = m_{\mathrm{KHP},1} - m_{\mathrm{KHP},2}$$

KHP の分子量 M_KHP は，分子式中の異なる 4 元素の項で構成する．

$$M_\mathrm{KHP} = M_{\mathrm{C}_8} + M_{\mathrm{H}_5} + M_{\mathrm{O}_4} + M_\mathrm{K}$$

V は温度と計測系の校正に依存する．

$$V = V_\mathrm{T}[1 + \alpha(T - T_0)]$$

ここで，α は水の膨張係数，T は実験室の温度，T_0 はフラスコが校正された温度である．

さらに，繰返し性の影響を表す量 R が含まれる．

結果として生じる測定関数は，次のようになる．

$$c_\mathrm{NaOH} = \frac{1000(m_{\mathrm{KHP},1} - M_{\mathrm{KHP},2})}{(M_{\mathrm{C}_8} + M_{\mathrm{H}_5} + M_{\mathrm{O}_4} + M_\mathrm{K}) V_\mathrm{T}[1 - \alpha(T - T_0)]} \quad [\mathrm{mol\ L^{-1}}]$$

それらの入力量は，それらの量について得られる情報に依存し，それぞれ適当な PDF によって特徴付けられる．表 E3.3 はそれらの量と，特徴付ける PDF（分布）を示す．

V_T からの寄与が優勢であるので，その量による計算結果への影響をみるため，

矩形分布以外の二つのPDF(三角分布，正規分布)を検討する．

V_T の不確かさに対して3種類のPDFを使用し，GUMとMCSによって得られた濃度 c_{NaOH} に対して計算した標準不確かさ $u(c_{NaOH})$ の比較を表E3.4に示す．表より，MCSによって計算された標準不確かさ $u(c_{NaOH})$ は，GUMあるいはKragtenの方法による通常の方法と非常によく一致していることがわかる．また，"すそ"の減少2.5%の上側と下側の結果の値から得られる包含係数 k は，相応する正規分布のそのような区間と一致し，拡張不確かさ $k=2$ の使用を支持している．しかし，濃度 c_{NaOH} に対するPDFは，V_T の不確かさに矩形分布を使用すると明らかに影響されることがわかる．MCSは 10^4 から 10^6 回の範囲の試

表E3.3 例A2 モンテカルロ・シミュレーションのためのパラメータ値，不確かさ，分布

記号	パラメータ	単位	値	標準不確かさまたは半値幅	分布
R	繰返し性係数	1	1.0000	0.0005	正規
$m_{KHP,1}$	容器とKHPの質量	g	60.5450	0.00015	矩形
$m_{KHP,2}$	容器を差し引いたKHPの質量	g	60.1562	0.00015	矩形
P_{KHP}	KHPの純度	1	1.0000	0.0005	矩形
M_{C8}	C_8 分子量	mol^{-1}	96.0856	0.0037	矩形
M_{H5}	H_5 の分子量	mol^{-1}	5.0397	0.00020	矩形
M_{O4}	O_4 の分子量	mol^{-1}	63.9976	0.00068	矩形
M_K	Kの分子量	mol^{-1}	39.0983	0.000058	矩形
V_T	KHP滴定に要したNaOHの体積	mL	18.64	0.03	矩形
$T-T_0$	温度校正係数	K	0.0	1.53	正規
a	体積膨張係数	$℃^{-1}$	$2.1×10^{-4}$	無視できる	

表E3.4 V_T の不確かさに対して種々のPDFを使用し，GUMとMCSによって得られた不確かさ $u(c_{NaOH})$ の数値比較

	V_T 三角分布PDF	V_T 正規分布PDF	V_T 矩形分布PDF
GUM*	$0.000099\ mol\ L^{-1}$	$0.000085\ mol\ L^{-1}$	$0.00011\ mol\ L^{-1}$
MCS	$0.000087\ mol\ L^{-1}$	$0.000087\ mol\ L^{-1}$	$0.00011\ mol\ L^{-1}$

＊GUMの結果とKragenの方法[E.2]は，少なくとも有効数字2桁以内で一致．

行数によって行われたが，10^4 回の試行数で十分に安定した k と $u(c_{NaOH})$ の値を与える．より大きな試行数は，PDF によりスムースな近似値を与えてくれる．

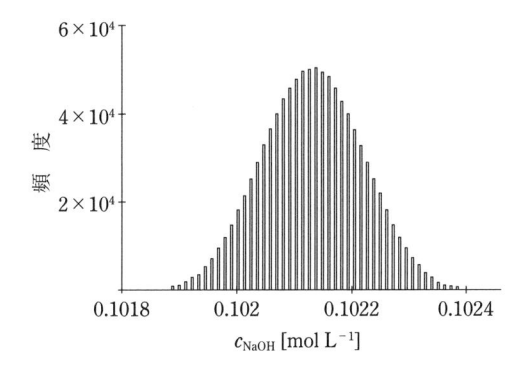

図 E3.3 三角分布の PDF によって特徴付けされた V_T に基づいた NaOH 濃度 (c_{NaOH}) の頻度分布[*4]
$k_{95} = 1.94$, $u = 0.000087$,
GUM 値 0.00009

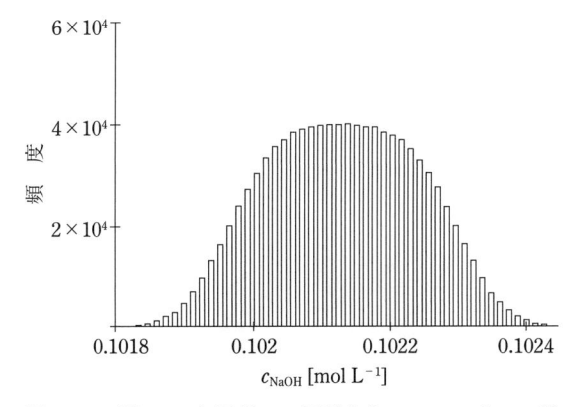

図 E3.4 図 E3.3 と同様に，矩形分布の PDF によって特徴付けされた V_T に基づいた NaOH 濃度 (c_{NaOH}) の頻度分布[*4]
$k_{95} = 1.83$, $u = 0.00011$

[*4] 訳注：本文中には記述がないが，図 E3.3 と E3.4 には表 E3.4 に示す MCS 法による三角分布と矩形分布のシミュレーション結果の頻度分布図を示す．

E.4 線形最小二乗校正の不確かさ

E.4.1 分析法あるいは分析機器は，種々の濃度レベルの分析種 x に対する応答 y の観測によって校正される．多くの場合，この関係は線形をとる．すなわち：

$$y = b_0 + b_1 x \quad (E4.1)$$

この校正線(検量線)は，試料の分析種濃度 x_{pred} を求めるため，測定応答 y_{obs} を用い，次式のように使われる．

$$x_{\mathrm{pred}} = \frac{(y_{\mathrm{abs}} - b_0)}{b_1} \quad (E4.2)$$

通常，定数 b_1 と b_0 は，n 対の値 (x_i, y_i) のデータセットに対し，重み付または重みなしの最小二乗回帰によって定量される．

E.4.2 推定する濃度 x_{pred} の不確かさには，次に示す四つの主要因がある．
・参照応答 y_i と測定される応答 y_{obs} の両方に影響する y の測定でのランダム変動．
・付与された参照値 x_i 中の誤差から生じる偶然効果．
・例えば，x の値が保存溶液の連続希釈によって得られる場合，x_i と y_i の値は一定の未知のオフセットの影響下にあるかもしれない．
・直線性の仮定が正しくない可能性がある．

それらのうち，通常の実践で最も重要なものは y のランダム変動であり，この要因の不確かさを推定する方法を詳しく述べる．残りの要因もまた，利用できる方法を示すため，簡単に考察する．

E.4.3 y の変動性による推定値 x_{pred} の不確かさ $u(x_{\mathrm{pred}}, y)$ は，以下に示すいくつかの方法によって推定される．

計算された分散と共分散からの推定

もし b_1 と b_0 の値，それらの分散 $var(b_1)$ と $var(b_0)$，そしてそれらの共分散 $covar(b_1, b_0)$ が最小二乗法によって定量されれば，x の分散 $var(x)$ は 8 章の式と通常の式を微分し，次式が得られる．

E.4 線形最小二乗校正の不確かさ

$$var(x_{\text{pred}}) = \frac{var(y_{\text{obs}}) + x_{\text{pred}}^2 \cdot var(b_1) + 2 \cdot x_{\text{pred}} \cdot covar(b_0 \cdot b_1) + var(b_0)}{b_1^2} \quad (E4.3)$$

そして，それに対応する不確かさ $u(x_{\text{pred}}, y)$ は，$\sqrt{var(x_{\text{pred}})}$ になる．

校正データから

$var(x_{\text{pred}})$ に対する上の式は，校正関数を決めるために使用される n 個のデータ点 (x_i, y_i) のセットを項として以下のように表すことができる．

$$var(x_{\text{pred}}) = var(y_{\text{obs}})/b_1^2 + \frac{S^2}{b_1^2} \cdot \left(\frac{1}{\sum w_i} + \frac{(x_{\text{pred}} - \bar{x})^2}{(\sum(w_i x_i^2) - (\sum w_i x_i)^2/\sum w_i)} \right) \quad (E4.4)$$

ここで，$S^2 = \frac{\sum w_i(y_i - y_{\text{fi}})^2}{(n-2)}$，$(y_i - y_{\text{fi}})$ は i 番目の点に対する残差（residual），n は校正データの点数，b_1 は最良フィッティングの傾き，w_i は y_i に付与される重み，$(x_{\text{pred}} - \bar{x})$ は x_{pred} と n 個の値 $x_1, x_2, \cdots$ の平均 $\bar{x}$ 間の差である．

重み付けのないデータに対し，そして $var(y_{\text{obs}})$ が p 回測定に基づく場合，式 (E4.4) は次式になる．

$$var(x_{\text{pred}}) = \frac{S^2}{b_1^2} \cdot \left(\frac{1}{p} + \frac{1}{n} + \frac{(x_{\text{pred}} - \bar{x})^2}{\left(\sum(x_i^2) - (\sum x_i)^2/n \right)} \right) \quad (E4.5)$$

これは，例 A5 で次式とともに使われた式である．

$$S_{xx} = \left| \sum(x_i^2) - \frac{(\sum x_i)^2}{n} \right| = \sum(x_i - \bar{x})^2$$

校正曲線の導入に使われるソフトウェアによって与えられる情報から

いくつかのソフトウェアは，例えば RMS 誤差または残差標準誤差（residual standard error）等，種々のよばれ方をする S の値を与えるものがある．これは式 (E4.4) あるいは式 (E4.5) に使うことができる．しかし，ソフトウェアによっては，ある新しい値 x に対してフィッティングした直線から計算される y 値の標準偏差 $s(y_c)$ も計算してくれる．$p = 1$ に対し，

$$s(y_c) = S \sqrt{1 + \frac{1}{n} + \frac{(x_{\text{pred}} - \bar{x})^2}{\left(\sum(x_i^2) - \frac{(\sum x_i)^2}{n} \right)}}$$

であるので，これは $var(x_{\text{pred}})$ の計算に使うことができる．すなわち，式 (E4.5)

との比較によって次式が得られる.

$$var(x_{pred}) = \left[\frac{s(y_c)}{b_1}\right]^2 \quad (E4.6)$$

E.4.4 参照値 x_i は，最終結果に伝ぱする不確かさをもつ．実際，それらの不確かさはシステム応答 y_i の不確かさに比べて小さく，通常無視できる．特定の参照値 x_i の不確かさによる，予想値 x_{pred} の不確かさ $u(x_{pred}, x_i)$ の大まかな推定は，次のようになる．

$$u(x_{pred}, x_i) \approx \frac{u(x_i)}{n} \quad (E4.7)$$

ここで n は校正に使われる値 x_i の数である．この式は，$u(x_{pred}, x_i)$ の有意性チェックに使うことができる．

E.4.5 y と x 間の直線関係の仮定から生ずる不確かさは，通常，追加推定が必要なほど大きくない．仮定される相関関係から系統的な大きなずれはないことを示す残差を与えることにより，この仮定から生ずる不確かさは結果的に（y 分散の増大によってカバーされることに加え）無視できる．もし，残差が系統的な傾向を示すなら，校正関数中により高次の項を含める必要がある場合がある．そのような場合の $var(x)$ の計算方法は，標準的な教科書に書かれている．系統的な傾向の大きさに基づいて判断を下すことも可能である．

E.4.6 x と y の値は，一定で未知のオフセットの影響を受けるだろう（例えば，認証値からの不確かさをもつ保存溶液の連続希釈によって値 x が得られるような時に発生する）．それらの影響からの y と x 上の標準不確かさを $u(y, const)$ と $u(x, const)$ とすると，内挿して求められる値 x_{pred} の不確かさは次式で与えられる．

$$u(x_{pred})^2 = u(x, const)^2 + (u(y, const)/b_1)^2 + var(x) \quad (E4.8)$$

E.4.7 E.4.2項で述べた四つの不確かさ要因の成分は，式(E4.3)～(E4.8)を使用して計算される．直線校正の計算から生ずる全不確かさは，その4成分を通常の方法で合成して計算する．

E.4.8 上に示す計算は，線形最小二乗回帰の多くの共通するケースに適した方法であるが，x の不確かさ，あるいは x および／または y 間の相関を考慮するさらに一般的な回帰モデル法には応用してはならない．そのようにもっと複雑なケースの取扱いは ISO TS 28037「直線校正関数の決定と使用」[H.28]を参照のこと．

E.5 分析種の濃度レベルに依存する不確かさの記述

E.5.1 まえがき

E.5.1.1 化学計測において，分析種の広い濃度範囲にわたる全不確かさに対する支配的な寄与は，ほぼ分析種の濃度レベルに比例して変化する(つまり，$u(x) \propto x$)ことがよくみられる．そのような場合，不確かさに相対標準偏差，または変動係数(例えば，%CV)を用いることは妥当である．

E.5.1.2 例えば，低濃度レベルのように，不確かさが分析種の濃度レベルに影響されない場合，あるいは分析種レベルが比較的狭い範囲にある場合には，一般に不確かさには相対値ではなく絶対値を用いるのが最も妥当である．

E.5.1.3 場合によっては，一定性および比例性の両方の効果が重要である．本節では，分析種の濃度レベルによる不確かさの変化が問題であり，それを変化の単純な係数で報告することが適切でない場合に，不確かさの情報を記録する一般的方法を述べる．

E.5.2 基本的な取り組み方

E.5.2.1 濃度レベルに対して不確かさに比例する場合と，基本的に一定値であり得る場合の両方を考慮するために，次式が使われる．

$$u(x) = \sqrt{s_0^2 + (x \cdot s_1)^2} \qquad (E5.1)$$

ここで，
 $u(x)$：結果 x の合成標準不確かさ(すなわち，標準偏差で表された不確かさ)，
 s_0 ：全不確かさへの一定寄与を表す定数，
 s_1 ：比例定数，である．

式は，一つの寄与(s_0)は一定で，もう一つの寄与(s_1)は結果に比例すると仮定し，全不確かさへ二つの寄与を合成する通常の方法に基づいている．図 E5.1 はこれを図示している．

注記：上記の方法は，多数の値の計算が可能な場合にのみ実際的である．実験による検討

E.5 分析種の濃度レベルに依存する不確かさの記述　191

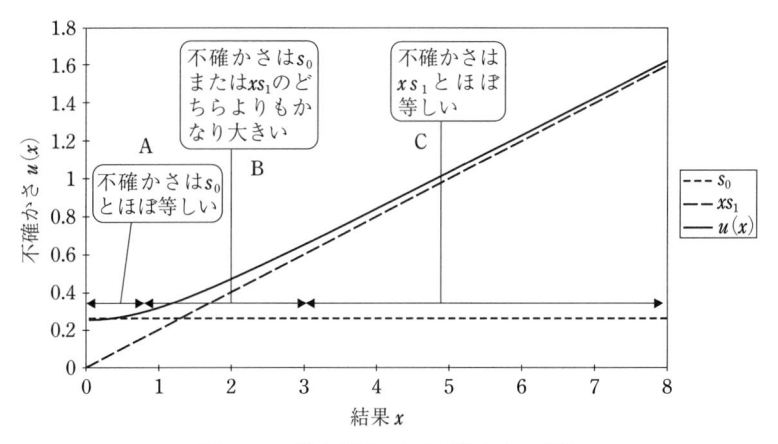

図 E5.1　測定結果による不確かさの変化

（グラフ中の注釈）
- A: 不確かさは s_0 とほぼ等しい
- B: 不確かさは s_0 または xs_1 のどちらよりもかなり大きい
- C: 不確かさは xs_1 とほぼ等しい
- 凡例: s_0、xs_1、$u(x)$

が適用される場合，関連する放物線の関係を確立することは大抵困難である．そのような状況では，種々の分析種濃度で得られる4またはそれ以上の成分の合成不確かさによる簡単な線形回帰によって，適正な近似が得られる．この手順は，ISO 5725:1994に従った再現性(再現精度)と繰返し性(併行精度)の検討で使われるものと一致している．その結果，関連する式は $u(x) \approx s_0' + x \cdot s_1'$ である．

E.5.2.2　図 E5.1 は，大まかにAからCの領域に分けられる．
A：不確かさは s_0 項によって支配され，大体一定で s_0 に近い．
B：s_0，xs_1 の両方の項が大きく寄与する．結果として得られる不確かさは，s_0 または xs_1 のどちらよりもかなり大きく，いくらか曲線になる．
C：xs_1 項が支配的である．不確かさは x の増大とともにほぼ直線的に上昇し，xs_1 に近い．

E.5.2.3　多くの実験例では，曲線の完全な形が明確でないこともあることに注意する．非常に稀に，分析法の適用範囲から許される分析種濃度レベルの報告範囲全体が，図の一つの領域に入ることがある．そのような結果は，若干の特別なケースであり，以下でさらに詳細に取り扱う．

E.5.3 濃度レベルに依存する不確かさデータの記述

E.5.3.1 一般に，不確かさは s_0 と s_1 の各値の形式で記述される．それらの値は，不確かさの推定値を与えるために，分析法の適用範囲にわたって使われる．これは，よく特徴付けされた方法の計算がコンピュータシステムに実装される時，式の一般形態がパラメータ値(それらのうちの一つはゼロかもしれず，この後を参照のこと)と切り離して実装され得る場合に特に有用である．以下に大まかに示す特別なケース，あるいは依存性は大きいが線形ではない*5 ような場合を除き，不確かさは s_0 によって表される一定項と，s_1 によって表される変数項の形で記述されることが結果的に推奨される．

E.5.4 依存性の状況

E.5.4.1 不確かさが分析種の濃度レベルに依存しない(s_0 が支配的)

不確かさが，一般に観察される分析種濃度に実質上無関係な時：
・結果がゼロに近い(例えば，方法の検出限界内)．図 E5.1 中の A 領域．
・結果の可能性がある範囲(方法の適用範囲，または不確かさ推定の適用範囲の説明に記述される範囲)が，観察されるレベルに比べて小さい．

そのような状況下で，s_1 の値はゼロと記録され，s_0 は通常標準不確かさで計算される．

E.5.4.2 不確かさが完全に分析種に依存する(s_1 が支配的)

結果がゼロからかなり離れ，xs_1 項が支配的(図 E5.1 中 C 領域参照)な場所(例えば，「定量限界」よりも上)．そして，分析法の適用範囲内で許容される分析種の濃度レベルで，不確かさが明らかに直線的に変化する場所．そのような状況下で，そして分析法の範囲がゼロ付近の分析種レベルを含まない場合，s_0 は合理的

---

*5 原著脚注：非線形性の主な例は，測定機器の性能の上限値付近の高吸光度における測定装置からのノイズの影響である．これは，吸光度が(赤外線分析のように)透過率から計算されるような場合に，特に顕著になる．このような状況下において，ベースライン・ノイズは高い吸光度値中で非常に大きな不確かさの原因になり，不確かさは単純な線形推定の予測よりも速く立ち上がる．適用範囲内で吸光度を適切な値にするために，よく用いられる方法は，一般的に希釈で，ここで使用される線形モデルは，通常適切である．他の例として，いくつかの免疫測定法(immunoassay)の「S 字状」応答がある．

にゼロとして記録され，s_1 は単純に相対標準偏差で表される不確かさである．

E.5.4.3 中間的依存

中間のケース，特に図 E5.1 中の B 領域に対応する状況では，次の二つの方法がとられる．

a) 変化する依存の適用

より一般的な方法は，s_0 と s_1 の両方の測定，記録，使用である．不確かさの推定値が求められる時，報告された結果に基づいて作成される．これが実際的な推奨方法である．

注記：E.5.2 項の「注記」を参照のこと．

b) 一定の近似の適用

次の場合，もう一つの方法が一般的な試験に使われる．

・依存性が大きくない(つまり，比例性が弱い)

または，

・予想される結果の範囲がわずかである

不確かさが平均不確かさ推定値から約 15% 以上は変化しない上記のどちらかのケースは，予想される結果の平均値に基づいて固定値を計算し，それを一般的な用途に引用する．これは多くの場合，合理的である．

つまり，これは次のどちらかである．

一定の不確かさ推定値を計算するために x の平均または代表値が使われ，これが個々に計算される推定値の代わりに使われる．

または，

許容される分析種の濃度レベルの全領域(不確かさ推定の適用範囲内で)をカバーする物質の試験に基づいて一つ一つの標準偏差が得られ，そこには比例性の仮定を正当化する証拠がほとんどない．これは，一般的にゼロ依存のケースとして取り扱い，関連する相対標準偏差を s_0 として記録するべきである．

E.5.5 s_0 と s_1 の定量

E.5.5.1 s_0 と s_1 のどちらか一つの項が支配的になるケースでは，(s_0)または(s_1)の値として，標準偏差，または相対標準偏差を不確かさに使うことで十分で

ある．濃度依存性が明らかでない場合，種々の分析種レベルでの一連の不確かさ推定値から，間接的に s_0 と s_1 の値を定量する必要がある．

E.5.5.2 種々の成分からの合成不確かさ計算を考えると，それらのうちのいくつかは分析種レベルに依存するが，他の成分は依存せず，シミュレーションによって分析種の濃度レベル全体の不確かさ依存性を検討することができる．その手順を以下に示す．

1：x_i に対し，少なくとも最低 10 個の不確かさ $u(x_i)$ を計算する（または実験によって求める）．
2：x_i^2 に対して $u(x_i)^2$ をプロットする．
3：線形回帰により，直線 $u(x)^2 = mx^2 + c$ に対する，c と m の推定値を得る．
4：$s_0 = \sqrt{c}, s_1 = \sqrt{m}$ から s_0 と s_1 を計算する．
5：s_0 と s_1 を記録する．

E.5.6 報　告

E.5.6.1 ここで概説した方法によって，あらゆる単独の結果に対する標準不確かさの推定が可能になる．原則的に，不確かさ情報は次のように報告する．

[結果] ± [不確かさ]

標準偏差としての不確かさは上記のようにして計算され，もし必要ならより高い信頼を与えるため，拡張不確かさ（通常，包含係数 2）で表す．しかし，多数の結果が一緒に報告される場合，全ての結果に適用できる不確かさ推定値を与えることもできる．

E.5.6.2 表 E5.1 にいくつかの例を示す．異なる分析種のリストにおける不確かさの数値は，同様の原理に従い，表にまとめると有効である．

注記：「検出限界（detection limit）」または「報告限界（reporting limit）」の，結果の提示に「< x」または「nd」を用いる場合，通常，使われた限界値に加え，上記報告限界よりも高い値の結果に適用される不確かさを引用する必要がある．

E.5 分析種の濃度レベルに依存する不確かさの記述

表 E5.1 分析種の濃度レベルが異なる試料に対する不確かさの要約

状　況	優勢な項	報告例
不確かさは本質的に全ての結果にわたって一定	s_0 または一定の近似 （E.5.4.1項または E.5.4.3.a項参照）	標準偏差：拡張不確かさ，信頼水準95％
不確かさは一般的に分析種の濃度レベルに比例	xs_1 （E.5.4.2項参照）	相対標準偏差，変動係数，オプションで％
不確かさに対する比例性と下限値の複合	中間のケース （E.5.4.3項参照）	CV または RSD，オプションで％，標準偏差のままの下限値を併記．

付録 F. 検出限界または定量限界における測定不確かさ

F.1 まえがき

F.1.1 低濃度では,例えば以下に示すような,ますます増大する影響が重要になる.
・ノイズまたは不安定なベースラインの存在
・信号への干渉の寄与
・使われた分析ブランクの影響
・溶解,分離,または精製における分析種の損失

そのような影響のため,分析種濃度の低下につれ,結果に付随する相対不確かさは,最初は結果の実在する部分に,そして最終的にゼロを含む(対称的な)不確かさ区間の点に増大する傾向がある.一般的に,この領域は与えられた分析法の実際の検出限界と関係する.

F.1.2 低濃度レベル分析種の測定と報告に関する用語と慣習は,他の文献で広範囲に説明されている(それらの例と定義に関しては文献[H.29—H.32]を参照).ここで用語「検出限界」の定義は,「与えられた特定の判定基準で,分析種が存在するという結論を高い確率で導くことができる分析種の真の量」とする,IUPACの勧告[H.31]に従う.判定基準(「臨界値(critical value)」)[*1]は,分析種が実際は存在しない時に間違えて存在するとしてしまう確率を確実に低くするために設定される.この定義に従い,得られる応答が臨界値よりも高い時,分析種は存在すると判定される.検出限界は,通常臨界値の約2倍の分析種濃度を単位と

---

*1 訳注:棄却限界値または危険率などともよばれる.

して表される．

F.1.3 「検出限界」の最も重要な用途は，分析法の性能が満足のいく定量に十分でなくなることを示すために広く使われている．それは改善することができる．このため，低濃度レベルでは定量的測定が理想的に行われない．それにも関わらず，低濃度で測定し，結果を報告しなければならないということは避けられず，多くの分析種は低濃度レベルで非常に重要である．

F.1.4 測定不確かさのISOガイド[H.2]では，結果の値が小さく，不確かさがそれに比べて大きい場合の不確かさの推定を明確に説明していない．確かに，8章で述べた「不確かさの伝ぱ則」は，低濃度レベルでは正確に適用するのが難しいかもしれない．この計算は，不確かさが測定量の値に比べて小さいということに基づいて仮定されているからである．さらに，ISOガイドによって与えられる不確かさの定義から来る哲学的な難しさがある．それは，負の観測値はかなり起こり得るし，この低濃度領域では一般的ですらあるが，測定量が濃度の時，濃度それ自身を負にすることができないため，ゼロ以下の値に含まれる言外のばらつきが「…測定量の値に合理的に帰属する」ではなくなる．

F.1.5 ゼロ以下の測定値の困難さは，本書で説明する概略方法の適用を妨げないが，低濃度での測定不確かさ推定の報告と解釈には多少の注意が必要になる．この付録Fの目的は，他の情報源からすでに得られている情報の補足説明をすることである．

注記：同様の考察は別の領域にも適用することができる．例えばモル分率や質量分率が100％に近い場合，同様の難しさがある．

F.2　観測値と推定値

F.2.1 計測科学の基本原理は，測定結果が真値の推定値であることである．例えば，分析結果は最初に観測される信号の単位，例えばmV，あるいは吸光度等の単位で得られる．より広い範囲の観衆，特に試験所の分析依頼者や他の機関等とやりとりをするため，生データを物質量や濃度のような化学量に変換する必要

がある．この変換操作が一般的に校正を必要とする（例えばそれは，観測され，そしてよく特徴付けられた損失の補正を含む可能性がある）．しかし，変換がどのようなものであっても，発生する数字には，観測結果，または信号の情報が含まれる．もし，試験が適切に行われれば，この観測は測定量の値の「最高の推定値」となる．

F.2.2 観測値が，実在する濃度に適用されるのと同じ基本的な限界によって制約されることはない．例えば，「観測された濃度」，つまりゼロ以下の推定値を報告するのは全く妥当である．同じ領域に拡がる可能性のある観察値のばらつきを言及するのも，同様に妥当である．例えば，分析種を含まない試料について，かたよりのない測定が実施されたとき，観測結果の半分はゼロ以下になることにも注目しなければならない．言い換えれば，次のような報告

観測濃度 $= 2.4 \pm 8$ mg L^{-1}

観測濃度 $= -4.2 \pm 8$ mg L^{-1}

だけでは不十分である．観測値とそれらの平均値について，正しい説明を付けなければならない．

F.2.3 観測値とそれに付随する不確かさを分析依頼者に報告する時，結果があり得ない物理的状況を暗に示しても，最高の推定値とそれに付随する不確かさを報告することに問題または矛盾がない．事実，いくつかの状況において（例えば，その後他の結果の補正に使われる分析のブランク値を報告する時），不確かさがいかに大きくても観測値とその不確かさを報告することは必要である．

F.2.4 結果の最終使用がどこであろうとも，これは事実のままである．観測値とそれに付随する不確かさだけが直接使用できるため（例えば，傾向分析または再解釈の計算をさらに行う中で），手を加えていない生の観測値をいつも得られるようにしておくべきである．

F.2.5 したがって，その値に関わらず，正しい観測値とそれに付随する不確かさを報告することが理想的である．

F.3 解釈される結果と準拠表明

F.3.1 とはいえ，多くの分析報告書と準拠表明(compliance statements)には，分析結果の最終利用者のために幾分結果の解釈を含めなければならないだろう．一般に，そのような解釈は試料中にある程度含まれるかもしれない分析種の濃度レベルに関連するあらゆる推測値を含む．その説明は，実体面についての推論であり，それゆえ(最終利用者によって)実際の限界に適合させることを要求されることも予想される．それは「実際の値」に付随する不確かさ推定値に対しても同じである．以下の節では，いくつかの認められている方法を要約する．はじめに，「以下」または「以上」の使用は，一般的に既存の慣行と矛盾しない．F.5節では，従来の信頼区間の特性に基づく方法を述べる．これは簡単に使うことができ，大部分の通常の目的に適している．しかし，特に観測値がゼロ以下になるような(あるいは100%より上の)場合，従来の方法では非現実的なほど小さな区間が導かれてしまう．この状況に対し，F.6節で述べるベイズ的方法(Basian approach)は，より適している可能性が高い．

F.4 報告における「以下」または「以上」の使用

F.4.1 報告される結果の最終用途がよく理解され，そして測定結果の最終利用者が観測値の特性を現実に知らされない場合，「以下」および「以上」等の使用の仕方は，低レベル結果の報告に関する文献(例えば文献[H.31])に示される一般的な説明に従うべきである．

F.4.2 ここで，一つ注意が必要である．検出能力に関する多くの文献は，繰返し測定の統計に大きく依存している．観察される変動は，必ずしも測定結果の全不確かさに対して良好な指針であるとはいえないということを読者に明らかにしておく．他のあらゆる領域の結果のように，報告する前に，報告する結果に影響する全ての不確かさを注意深く考慮するべきである．

F.5 ゼロ付近の拡張不確かさの範囲：従来の方法

F.5.1 以下に示す三つの要件を満たす拡張不確かさ区間が望ましい結果である．
1. 区間は見込まれる範囲内に収まる（ここで「見込まれる範囲」とはゼロ以上の濃度範囲である）．
2. 約95％の信頼水準に対応する拡張不確かさの区間は，95％に近い確率で真値を含むことが期待されるので，範囲は指定された信頼水準に近い．
3. 報告される結果は，長期にわたって最小のかたよりをもつ．

F.5.2 もし拡張不確かさが標準的な統計学を使って計算されたなら，ゼロ以下の部分に収まる全てが含まれる区間は，定義により95％を包含する．しかし，測定量の(真)値は見込まれる範囲の外側になることができないため，見込まれる範囲の端で，この区間の先端を切断(truncate)し，そして依然として必要な95％を包含したままにすることができる．この切断された従来法の信頼区間は，このため正確に95％の範囲を保つ．それはまた，現存するツールを使用しての導入も簡単である．

F.5.3 平均観測値もまた見込まれる範囲外の場合，そして真の濃度に対する区間が必要な場合，報告する結果は単純にゼロに移される．しかし，この限界の移動は，小さな長期間のかたよりを導入し，独自の統計分析のために生データを要求する顧客(あるいは技能試験の主催者)にはよく受け入れられないかもしれない．それらの顧客は，ありのままの限界(natural limit)に関係なく，生の観測値を要求し続けるだろう．それにも関わらず，ゼロでの単純な切断によって，この状況に対してそれまでに試験されたオプションの範囲内で最小のかたよりを与えることを示すことができる．

F.5.4 もしこの手順に従うなら，拡張不確かさの区間は結果が限界に近づくに連れてだんだん非対称になる．図F.1はゼロ付近での状況を表す．そこでは，測定される平均はそれがゼロ以下に収まるまで報告され，そして報告される値はその後ゼロとして報告される．

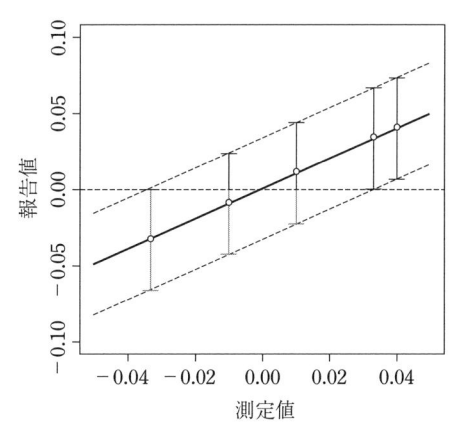

図 F.1 ゼロに近い信頼区間の従来的な先端切断

平均は－0.05 と 0.05 間を変化し，標準偏差を 0.01 に固定する．太い斜めの線は，切断する前に報告される値が観測値にどのように依存するかを示す．斜めの破線は対応する区間を示す．実線の断片的な棒は切断後に報告される不確かさの区間を示す．ゼロ以下の観測された平均値では，単純な切断区間は不当に小さくなることに留意する必要がある．

F.5.5 最終的に，従来法の区間全体がありのままの限界を超えて収まり，調整された区間[0, 0]を暗示する．これは，考えられる真の濃度と矛盾した結果の表れとして合理的にとられるかもしれない．通常，分析者は元のデータに戻り，何か他の異常な品質管理の観測値に関し，原因を特定しなければならない．

F.5.6 もし非対称な拡張不確かさ区間と一緒に標準不確かさを報告する必要があるなら，信頼区間の構築に使われた標準不確かさをそのまま報告するべきである．

F.6 ゼロ付近の拡張不確かさの範囲：ベイズ的方法

F.6.1 ベイズ的方法(Bayesian approach)は，測定からの情報と測定量の値の可能性がある分布の事前情報とを結合させる．その方法は，測定量に合理的に帰属

する値の分布を表す「事後分布(posterior distribution)」を得るため、「事前分布(prior distribution)」と尤度(likelihood)(測定結果だけから推測される分布)を結合する．報告地は分布の位置を都合よく表すあらゆる点の値とすることができるが，拡張不確かさの区間は分布の適切な部分を含むように選ばれる．事後分布の平均値，中間値，そして最頻値(mode)の全てが使われる．

F.6.2 特定の範囲(例えば，ゼロ以上)内に限定されることが知られる量であって，t 分布の形状情報を与える測定の場合，結果として得られる可能性がある値の分布は，おおむね切断(truncated) t 分布であるといえる[H.32]．結果のかたよりが最小限になり，拡張不確かさ区間も適切なものにするためには，以下に示すことが推奨される．

ⅰ) 事後分布の最頻値を報告する．切断 t 分布に対し，これは観測される平均値とするか，あるいはもし観測値がゼロ以下ならば，ゼロとする．

ⅱ) 拡張不確かさの区間は，事後分布の必要な割合を含む最大密度区間(maximum density interval)として計算される．最大密度区間は，分布の必要な割合を含む最小区間でもある．

F.6.3 観測値 $\bar{x}$，標準不確かさ u，そして(実効)自由度 v_{eff} に基づく t 分布に対し，ゼロを下限とし，そして信頼水準 p とする時の最大密度区間は，以下のようにして求める．

ⅰ) 計算

$$P_{\text{tot}} = 1 - P_{\text{t}}(-\bar{x}/u, v_{\text{eff}})$$

ここで，$P_{\text{t}}(q, v)$ はスチューデントの t 値に対する累積確率(cumulative probability)である．

ⅱ) 設定

$$q_1 = q_{\text{t}}(1 - (1 - pP_{\text{tot}})/2, v_{\text{eff}})$$

ここで，$q_{\text{t}}(P, v)$ は累積確率 p と実効自由度 v_{eff}，必要とする信頼水準(通常は 0.95)に対するスチューデントの t 分布の分位数である．

ⅲ) もし $(\bar{x} - uq_1) \geq 0$ ならば，区間を $\bar{x} \pm uq_1$ に設定する．もし，$(\bar{x} - uq_1) < 0$ ならば，区間を次式に設定する．

F.6 ゼロ付近の拡張不確かさの範囲：ベイズ的方法

$$\lfloor 0, \bar{x} + u q_\mathrm{t}(P_\mathrm{t}(-\bar{x}/s, v_\mathrm{eff}) + p P_\mathrm{tot} \cdot v_\mathrm{eff})\rfloor$$

注記：MS Excel，または OpenOffice Calc を使用し，p_t と q_t の実装は次のようにする．

$$P_\mathrm{t}(q, v) = \begin{vmatrix} \mathrm{TDIST}(\mathrm{ABS}(q), v, 2)/2 & q<0 \\ 1 - \mathrm{TDIST}(q, v, 2)/2 & q \geq 0 \end{vmatrix}$$

$$q_\mathrm{t}(P, v) := 1 - \mathrm{TINV}(2 * (1-P), v)$$

ここで，スプレッドシートの式 q と v は，必要とする分位数($-\bar{x}/u$)と実効自由度 v_eff，そして P は望まれる累積確率(例えば95%)と置き換える．

TDIST 関数は P_t の上側確率(upper tail probability)だけを与え，そして TINV は q_t の両側確率(two tail probability)値だけを与えることから，複雑になる．

F.6.4 ベイズ的区間は，観測される平均値がゼロ以下となり，報告される不確かさが増大するようなケースに有用で，F.5節で述べた従来法と同じ最小のかたよりを与える．これは，高純度材料の純度推定のような，ゼロまたは100％の限界に常に非常に接近していると予想される結果の報告に特に適している．しかし，その区間 $0<x<5u$ は，従来法の区間よりもかなり狭く，このため正確に95％成功率(success rate)ではない．

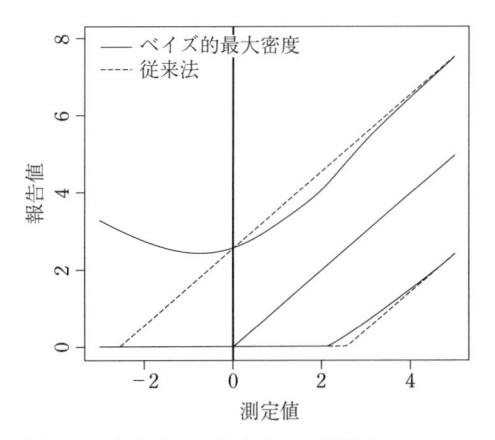

図 F.2 自由度5に対する x の関数としてのベイズ的最大密度区間(実線)とそれに対応する従来法の区間(破線)*1

---

*1訳注：本文中には説明がないが，図 F.2 は従来法とベイズ的方法による拡張不確かさ区間の比較を示す．

F.6.5 従来法のように,報告値と不確かさ区間の計算は他の全ての計算が完了してからだけ行わなければならない.例えば,ゼロ付近の幾つかの値を合成するなら,最初に計算して報告する値の不確かさを推定し,それから不確かさ区間を計算する.

F.6.6 もし標準不確かさ,並びに(非対称の)拡張不確かさの区間を報告する必要があるなら,上記の標準的な方法のように信頼区間の構築に使われた標準不確かさをそのまま報告する.

付録 G. 不確かさの共通要因とその値

　以下の表 G.1 には，いくつかの不確かさ成分の代表例を要約する．表には，次の情報をまとめた．
・特定の測定量または実験操作（秤量，体積測定など）
・それぞれの場合の不確かさの主成分と要因
・各要因の不確かさを定量するための推奨法
・代表的な例

表 G.1 は，分析化学計測における，いくつかの代表的な測定不確かさ成分値を推定する方法を示すことだけを意図している．包括的であることは意図していない．また，それらの値が，個々に検証しないで直接使われることは意図していない．しかし，特定の成分が重要であるかどうかの判断に役立てることができる．

付録 G. 不確かさの共通要因とその値

表 G1

測定	不確かさ成分	要因	定量的方法	代表的な値 例	代表的な値 値
質量	天秤の校正	校正における精確さの限界	校正証明書に記載されている。標準偏差に変換する。	4桁の天秤	0.5 mg
	直線性		i) 認証済み分銅の範囲内での使用 ii) メーカーの仕様		約 0.5 × 最後の有効桁
	最小表示	ディスプレイ、または目盛の読み取り分解能の限界	有効数字の最終桁		0.5 × 有効数字の最後の有効桁 / √3
	日常のゆらぎ	各種、温度を含む	質量の長期間チェックの標準偏差。必要ならRSDとして計算		約 0.5 × 最後の有効桁
	測定間の変動	各種	連続する試料測定、または点検測定の標準偏差		約 0.5 × 最後の有効桁
	密度の影響（通常の方法）*1	校正分銅／試料密度の不一致は大気浮力効果の違いを導く	既知または想定される密度、および典型的な大気条件からの計算	鋼、ニッケル アルミニウム 固体有機物 水 炭化水素	1 ppm 20 ppm 50〜100 ppm 65 ppm 90 ppm
	密度の影響（真空中）*1	上と同じ	大気の浮力効果の計算と校正分銅の浮力効果の差し引き	水：100 g ニッケル：10 g	＋0.1 g（影響） ＜1 mg（影響）

*1: 基本定数または SI 単位の定義によれば、秤量の定義には、実際には、質量は OIML [H.32] によって定義される通常のかたよりをもって見積もられる。慣例では、1.2 kg m⁻³ の空気密度と通常の大気状態における海水面レベルでの秤量用分銅分密度に相当する 8000 kg m⁻³ の試料密度で重さを見積もる。試料密度は通常 8000 kg m⁻³、または空気密度 1.2 kg m⁻³ の時、補正ゼロである。慣例的な質量の値は後者の値に非常に近いため、慣例の質量の浮力を補正しない慣例的な質量に対する推定値で十分である。しかし、慣例的な質量測定（真空中）の標準不確かさは、海水面レベルでの浮力を補正しない（上の表の最下行の影響を参照）だけである。「真の質量」（真空中）から 0.1% かそれ以上異なる（上の表の最下行の影響を参照）だけである。

表 G1 つづき

測定	不確かさ成分	要因	定量方法	代表的な値 例	代表的な値 値
体積(液体)	校正不確かさ	校正における精確さの限界	メーカーの仕様に記載。標準偏差に変換容積 V の ASTM 級ガラス器具の限界は，約 $V^{0.6}/200$	10 mL（A級）	$0.02/\sqrt{3}$ $=0.01$ mL *2
	温度	校正時からの温度変化は標準温度での体積差を生じる	$\Delta T \alpha/(2/\sqrt{3})$ は，相対標準不確かさを与える。ここで，ΔT は可能性のある温度範囲で，α は液体の体積膨張係数である。α は水：2×10^{-4} K^{-1}，有機液体：1×10^{-3} K^{-1} である プラスチック製体積器具の膨張係数は考慮する必要がある	100 mL の水	0.03 mL：規定された使用温度の±3℃以内で使用する場合 ポリプロピレンに対する代表的な α 値は，4×10^{-4} ℃である
	測定ごとの変動	各種	繰返し分取/吸い取りによって測定される標準偏差	25 mL ピペット	充満／秤量の繰返し．$s=0.0092$ mL

*2：矩形分布を仮定

表 G1 つづき

測定	不確かさ成分	要因	定量方法	代表的な値 例	代表的な値 値
標準物質の認証書からの分析種濃度	純度	不純物の含有量は減少し、反応性に富む不純物によって測定が妨害される	メーカーの保証書によって標準物質の認証書には無条件の限界が与えられている。このため、それらの値は矩形分布として扱い、$\sqrt{3}$ で割る 注記：不純物の特性が示されていない場合、妨害等に対する限界を確立するため、追加の割当量、またはチェックが必要であろう	$99.9 \pm 0.1\%$ と認証された標準フタル酸水素カリウム	$0.1/\sqrt{3} = 0.06\%$
	濃度（認証値）	標準物質中の認証された濃度の不確かさ	メーカーの保証書に規定。標準物質の認証書には無条件の限界が与えられている。したがって矩形分布として扱い、$\sqrt{3}$ で割る	$(1000 \pm 2)\ \mathrm{mg\ L^{-1}}$ と認証された、酢酸中の4%酢酸カドミウム水溶液	$2/\sqrt{3} = 1.2\ \mathrm{mg\ L^{-1}}$ $(RSD:0.0012)*2$
	濃度（認証された純粋標準物質からの調製）	参照値と中間段階の不確かさの組み合わせ	前のステップに対する値を RSD として全体にわたって合成する	酢酸カドミウム溶液の $1000\ \mathrm{mg\ L^{-1}}$ から $0.5\ \mathrm{mg\ L^{-1}}$ までの3段階の希釈	$\sqrt{\begin{array}{l}0.0012^2+\\0.0017^2+\\0.0021^2+\\0.0017^2\end{array}}$ $= 0.0034$ RSD として

---

*2：矩形分布を仮定

表 G1 つづき

測定	不確かさ成分	要因	定量方法	代表的な値 例	値
吸光度	装置の校正 注記：この成分は、吸光度の読み取り値対参照吸光度に関するものので、吸光度の読み取り値に対する濃度の校正ではない	校正における精確さの限界	証明書に示されている限界値の標準偏差への変換		
	測定ごとの変動	各 種	繰返し測定の標準偏差，または QA 成績	吸光度の7回読み取りの標準偏差 $s = 1.63$	$1.63/\sqrt{7} = 0.62$

付録 G. 不確かさの共通要因とその値

表 G1 つづき

測定	不確かさ成分	要因	定量方法	代表的な値 例	値
サンプリング	均質性	不均質な試料を分取したことは、バルク全体を正確には代表しない。 注記：ランダム・サンプリングによるサンプリングの結果は、一般的にかたよりがない。サンプリングが実際にランダムに行われたかどうかのチェックが必要	i) 小分け試料の測定結果の標準偏差（もし不均質性が分析の正確さよりも大きい場合） ii) 既知または想定される母集団のパラメータから推定される標準偏差	2 値の不均質性*3 と仮定されたパンのサンプリング（例 A4 参照）	72 個の汚染された塊部分と 360 個の汚染されていない塊部分からの 15 個の塊部分を分取する相対標準偏差：$RSD = 0.58$
抽出回収率	平均回収率	抽出が完全に行われることは稀で、妨害物質が加えられたり、あるいは含められることがある。	回収率は、同等の標準物質またはスパイクの添加によって、%回収率として計算できる。不確かさは、回収率測定の平均の標準偏差から得られる。 注記：回収率は事前に測定された分配係数からも直接計算できる	パンから殺虫剤の回収率：42 回測定、平均 90%、$s = 28$% （例 A4 参照）	$28/\sqrt{42} = 4.3\%$ (RSD として 0.048)
	回収率測定間の変動	各種	繰返し実験の標準偏差	一対の繰返し測定データによるパンから殺虫剤の回収率（例 A4 参照）	RSD として 0.31

*3：two-valued inhomogeneity

付録 H. 参 考 文 献
（各文献に対応する日本語の文献も示す）

- H. 1　ISO/IEC 17025: 2005, "General Requirements for the Competence of Calibration and Testing Laboratories", ISO, Geneva (2005); 日本語版：JIS Q 17025,「試験所及び校正機関の能力に関する一般要求事項」(2005 年).
- H. 2　"Guide To The Expression Of Uncertainty In Measurement", ISO, Geneva (1993). (ISBN 92-67-10188-9) (Reprinted 1995: Reissued as ISO Guide 98-3 (2008), 次のウエブサイトから入手できる http://www.bipm.org, JCGM 100: 2008)；日本語版：TS Z 0033,「測定における不確かさの表現のガイド」, 日本工業標準調査会適合性評価部会, (2012 年)；1993 年版「ISO 国際文書　計測における不確かさの表現のガイド　統一される信頼性表現の国際ルール」, 飯塚幸三監修, 日本規格工業会 (1996 年).
- H. 3　EURACHEM/CITAC Guide, "Quantifying Uncertainty in Analytical Measurement.", (1995), ISBN 0-948926-08-2.
- H. 4　EURACHEM/CITAC Guide, "Quantifying Uncertainty in Analytical Measurement, Second Edition.", (2000), ISBN 0-948926-15-5. 次のウエブサイトから入手できる http://www.eurachem.org.
- H. 5　EURACHEM Guide, "Terminology in Analytical Measurement: Introduction to VIM 3", (2011), 次のウエブサイトから入手できる http://www.eurachem.org.
- H. 6　EURACHEM/CITAC Guide, "Measurement uncertainty arising from sampling: A guide to methods and approaches", EURACHEM (2007), 次のウエブサイトから入手できる http://www.eurachem.org.
- H. 7　ISO/IEC Guide 99: 2007, "International vocabulary of metrology - Basic and general concepts and associated terms (VIM)". ISO, Geneva (2007), 次のウエブサイトから入手できる http://www.bipm.org, JGCM 200: 2008; 日本語版：TS Z 0032,「国際計量計測用語―基本及び一般概念並びに関連用語(VIM)」, 日本工業標準調査会適合性評価部会, (2012 年).
- H. 8　ISO 3534-2: 2006, "Statistics - Vocabulary and Symbols - Part 2: Applied statistics", ISO, Geneva, Switzerland (2006); 日本語版：JIS Z 8101-2,「統計―用語と記号―第 2 部：統計的品質管理用語」(1999 年).
- H. 9　EURACHEM/CITAC Guide: "Traceability in Chemical Measurement: A guide to achieving comparable results in chemical measurement", (2003), 次のウエブサイトから入手できる http://www.eurachem.org と http://www.citac.cc.
- H. 10　*Analytical Methods Committee, Analyst (London)*, **120**, 29-34 (1995).

付録H. 参考文献

H. 11 EURACHEM Guide, "The Fitness for Purpose of Analytical Methods: A Laboratory Guide to Method Validation and Related Topics" (1998), ISBN 0-948926-12-0.

H. 12 ISO/IEC Guide 33: 1989, "Uses of Certified Reference Materials", ISO, Geneva (1989); 日本語版：JIS Q 0033,「認証標準物質の使い方」(2002年).

H. 13 International Union of Pure and Applied Chemistry, *Pure Appl. Chem.*, **67**, 331-343 (1995).

H. 14 ISO 5725: 1994 (Parts 1-4 and 6), "Accuracy (trueness and precision) of measurement methods and results", ISO, Geneva (1994), ISO 5725-5: 1998, "For alternative methods of estimating precision" も参照されたい；日本語版：JIS Z 8402,「測定方法及び測定結果の精確さ(真度及び精度)」,(第1部～第4部, 第6部) (1999年).

H. 15 ISO 21748: 2010, "Guide to the use of repeatability, reproducibility and trueness estimates in measurement uncertainty estimation", ISO, Geneva (2010); 日本語版：JIS Z 8404-1,「測定の不確かさ—第1部：測定の不確かさの評価における併行精度, 再現精度及び真度の推定値の利用手引き」(2006年).

H. 16 M. Thompson, S. L. R. Ellison, R. Wood; "The International Harmonized Protocol for the proficiency testing of analytical chemistry laboratories (IUPAC Technical Report)"; *Pure Appl. Chem.*, **78**, 145-196 (2006).

H. 17 EUROLAB Technical Report 1/2002, "Measurement uncertainty in testing", EUROLAB, (2002), 次のウエブサイトから入手できる http://www.eurolab.org.

H. 18 EUROLAB Technical Report 1/2006, "Guide to the Evaluation of Measurement Uncertainty for Quantitative Test Results", EUROLAB, (2006), 次のウエブサイトから入手できる http://www.eurolab.org.

H. 19 EUROLAB Technical Report 1/2007, "Measurement uncertainty revisited: Alternative approaches to uncertainty evaluation", EUROLAB, (2007), 次のウエブサイトから入手できる http://www.eurolab.org.

H. 20 NORDTEST Technical Report 537: "Handbook for calculation of measurement uncertainty in environmental laboratories", NORDTEST, (2003), 次のウエブサイトから入手できる http://www.nordtest.org.

H. 21 I. J. Good, "Degree of Belief, in Encyclopedia of Statistical Sciences", Vol. 2, Wiley, New York (1982).

H. 22 J. Kragten, "Calculating standard deviations and confidence intervals with a universally applicable spreadsheet technique", *Analyst*, **119**, 2161-2166 (1994).

H. 23 "Evaluation of measurement data - Supplement 1 to the "Guide to the expression of uncertainty in measurement" - Propagation of distributions using a Monte Carlo method", JCGM 101: 2008, 次のウエブサイトから入手できる http://www.bipm.org/en/publications/guides/gum.html.

H. 24 EURACHEM/CITAC Guide: "The use of uncertainty information in compliance assessment" (2007), 次のウエブサイトから入手できる http://www.eurachem.org.

H. 25 British Standard BS 6748: 1986, "Limits of metal release from ceramic ware, glassware, glass ceramic ware and vitreous enamel ware".

H. 26 S. L. R. Ellison, V. J. Barwick, *Accred. Qual. Assur.*, **3**, 101-105 (1998).

H. 27 ISO 9004-4: 1993, "Total Quality Management. Part 2. Guidelines for quality

	improvement", ISO, Geneva (1993); 日本語版：JIS Q 9004,「組織の持続的成功のための運営管理—品質マネジメントアプローチ」(2010年)は ISO 9004-4：2009 に対応.
H. 28	ISO/TS 28037: 2010, Determination and use of straight-line calibration functions. ISO, Geneva (2010).
H. 29	H. Kaiser, *Anal. Chem.*, **42**, 24A (1970).
H. 30	L. A. Currie, *Anal. Chem.*, **40**, 583 (1968).
H. 31	L. A. Currie, "Nomenclature in evaluation of analytical methods including detection and quantification capabilities," *Pure Appl. Chem.*, **67**(10), 1699–1723, (1995).
H. 32	Analytical Methods Committee. Measurement uncertainty evaluation for a non-negative measurand: an alternative to limit of detection, *Accred. Qual. Assur*, **13**, 29–32 (2008).
H. 33	OIML D 28: 2004, "Conventional value of the result of weighing in air".

索　引

あ

アドホック分析法　39
以　下　199
以　上　199
インハウス開発　32
インハウス妥当性確認試験　64, 102, 137
影響量　14, 156

か

回収率　210
回収率測定　25
階層構造(特性要因図)　167
外部品質保証　37, 38
化学量論　25
拡張不確かさ　5, 53, 59, 73, 87, 129, 140, 159, 200, 201
確率分布　176
確率密度関数　176
ガスクロマトグラフィー　102
かたより　10, 31, 33, 46, 93, 103, 112, 108
家畜飼料中の粗繊維の定量　65, 132
カテゴリー変数　42

カドミウムの定量(陶磁器から溶出する)　118
頑健性　10
頑健性試験　41
感度係数　51, 138

擬似誤差　7
規制への適合性　60
技能試験　37
吸光度　209
共同実験　136
共分散　186
均質性　103, 112, 210

偶然効果　26, 41, 54, 55, 186
偶然誤差　6, 160
矩形温度分布　124
矩形分布　35, 50, 70, 82, 87, 128, 170, 176, 179
繰返し性　10, 31, 69, 71, 80, 92, 99, 112

系統誤差　6, 160
原子吸光分析，原子吸光光度法　64, 118
検出限界　10, 194, 196
検定証　43
検量線　125

216　　索　引

検量線作成用標準溶液　66
堅牢性　10

合意値　37
校正証明書　43
合成標準不確かさ　5, 16, 50, 67, 72,
　　84, 112, 128, 133, 140, 152, 159
構造化解析　165
合理的分析　21
恒　量　134
誤　差　5, 160

さ

再現精度　31
再現性標準偏差　9, 137
最小二乗フィッティング結果　125
最小表示　69
最大密度区間　202, 203
最頻値　202
殺虫剤の回収率試験　110
サブサンプリング　114
酸—塩基滴定　88
三角分布　35, 50, 87, 100, 124, 171,
　　176, 179
残　差　187
残差標準誤差　187
残差標準偏差　125
サンプリング　24, 31, 162, 210

事後分布　202
事前分布　202
実験的推定　41
実験標準偏差　6, 160

実効自由度　202
質量弁別補正係数　144, 150
終点検出　98
　　——のかたより　84, 93
自由度　34, 54, 202
主観的確率　45
準拠表明　199
条件規定分析法　20, 38, 64, 118, 122,
　　140
試料の前処理　31
真　値　5, 156
信ぴょう性　45
信頼区間　3, 182, 201
信頼水準　54

水酸化ナトリウム水溶液の調製　64
水酸化ナトリウム水溶液の標定　75
数学的モデル化　41
スチューデントの t 値　54, 202
ストイッキオメトリー　25
スパイク　25, 144
スプレッドシート　73, 86, 96, 113,
　　130, 175, 178, 180

精確さ　1
正規分布　55, 87, 171, 176, 179
成功率　203
誠実さ　44
精　度　9, 103, 108, 112, 156
精度試験　33
切　断　200
切断 t 分布　202
線形最小二乗　186

線形最小二乗フィッティング（操作）
　　125,126
選択加熱効果　　84
選択性　　11
先端切断　　201

相加平均　　6,160
相関係数　　51
操作ブランク　　148
相対標準偏差　　161
測　定　　157
　　──の誤差　　160
　　──の不確かさ　　8,158
測定対象量　　4
測定手順　　2,158
測定不確かさ　　8
測定方法　　158
測定量　　3,4,19,157

た

代表性　　11
多因子(性)実験計画　　33,42
妥当性確認　　9
妥当性確認試験　　9,30,32
　　──結果　　107

中間精度　　9
中間値　　202
重複試料　　108
直線性　　10,82,92
直感的確率　　45
直観的信頼度　　45

突き合わせ　　30

定量限界　　196
デジタル分解能　　69

同位体異性体　　45
同位体希釈質量分析　　65
同位体(核種)質量　　147
同位体比の測定　　147
陶磁器から溶出するカドミウムの定量
　　118
同等性　　20
特性要因図　　23,63,67,70,76,78,79,
　　81,89,91,102,106,107,110,119,
　　122,123,136,142,143,165,166,
吐出量の繰返し性(併行精度)　　83,86
トレーサビリティ　　10,13,158

な

2項分布統計　　114
二重同位体希釈　　144
認証書　　208
認証同位体標準物質　　144
認証標準物質　　30,148
濃縮同位体　　144

は

パーセント点　　49
パン中の有機リン酸塩殺虫剤の定量
　　102
判定基準　　196

索　引

ヒストグラム　85,96,113,181
非線形度　177,181
非対称性　182
非対称な信頼区間　59
表計算ソフトウェア　85,172
表計算法　5,63,96,152
標準状態　84
標準操作手順　15
標準不確かさ　4,49,58,83,85,95,
　　129,140,159
標準物質　44,208
標準偏差　3
標準偏差手順　42
標定(水酸化ナトリウム水溶液の)　75
標本標準偏差　6,160
比例採取法　104
比例サンプリング　162
品質管理　29,42,107
品質保証　29
頻度分布　185
頻度論的解釈　44

フィッシュボーン図　165
フェノールフタレイン　98
不均質性のモデル化　114
不確かさ　3,4,8,158
　――の合成式　52
　――のタイプA評価　8,159
　――のタイプB評価　8,160
　――の定義　3
　――の定量　27
　――の伝ぱ側　5
　――の報告　57
不確かさ成分　4

不確かさ要因　4,23,69,78,91,106,
　　121,149
フタル酸水素カリウム(KHP)　75
付与値　38
ブラケット法　151
ブランク測定　148
ブランク補正　26
浮力効果　206
プールされた標準偏差　34
プールされた分散　36
分位数　182
分　画　114
分　散　186
分散分析　33
分析種　3,19,53
分析(方)法
　――の共同開発　30
　――の性能試験　11
分布関数　170
　――の影響　87

平均値　202
平均の標準偏差　49,161
併行精度　10,31,69,71,80,92,99,112
併行標準偏差　9,137
ベイズ的方法　201

包含確率　177
包含係数　5,159
報告限界　194
膨張係数　98

ま

マトリックス　31
無作為抽出　12
無作為標本　179
モンテカルロ・シミュレーション(法)
　　5, 59, 176, 180

や

有意検定　34
有機リン酸塩殺虫剤の定量(パン中の)
　　102
尤度　202
誘導結合プラズマ質量分析　144
誘導結合プラズマ質量分析装置　145
誘導体化反応　43
要因解析　165
溶媒抽出　102

ら

ランダム・サンプリング　115, 162, 210
ランダム・サンプル　178
ランダム・セレクション　12
ランダム変動　51, 124, 186
臨界値　196
累積確率　202

欧　文

AAS　64
analysis of variance　33
ANOVA　33
arithmetic mean　6, 160
assigned value　38
bracketing technique　151
categorical valriables　42
combined tandard uncertainty　5
comparability　21
confidence interval　3
consensus value　37
coverage factor　5, 159
credibility　45
CRM　30
Differential heating effect　84
empirical method　20
EQA　37
error　5, 160
expanded uncertainty　5, 53, 159
experimental standard deviation　6
fishborne 図　78, 166
frequentistic interpretation　44
GUM　176, 177
hierarchical structure　167
ICP-MS　145
influence quantitiy　156
integrity　44
intuitive probability　45
isotopomer　45
K 係数　147, 150
Kragten の方法　52, 127, 172, 177, 184

likelihood　202
mass discrimination factor　144
maximum density interval　202
MCS 標本数　181
MCS 法　176
measurand　4, 157
measurement　157
measurement procedure　158
measurement uncertainty　8
method of measurement　158
mode　202
multi-factor experimental designs　33
non-linearity　177
PDF　176, 184
percentage point　49
pooled standard deviation　34
precision　156
proportional sampling　104
PT　37
PT 付与値　37
QA　29
QC　29, 42, 107
quntile　182
random effect　26
random error　6, 160
random sample　179
random variation　51, 124
reconciliation　30
relative standard deviation　161

representativeness　11
residual　187
residual standard deviation　125
residual standard error　187
RSD　161
sample standard deviation　6, 160
SI 単位　13
SOP　15, 42
standard deviation of the mean　161
standard temperature and pressure　84
standard uncertainty　159
STP　84
structured analysis　165
subjective probability　45
systematic error　160
systematic maltifactor experimental designs　42
t 検定　36
t 値　34, 36
traceability　158
true value　5, 156
truncate　200
type A evaluation of uncertainty　160
type B evaluation of uncertainty　160
uncertainty　8
uncertainty of measurement　8
VIM3　8

訳者紹介
米沢仲四郎（よねざわ　ちゅうしろう）
1949 年生まれ
現職：(公財)日本国際問題研究所 軍縮・不拡散促進センター
主任研究員
学位：理学博士
職歴：日本原子力研究所，国際原子力機関（IAEA），日本原子力研究開発機構を経て現職
専門分野：放射能分析
主な著書および訳書：「実用ガンマ線測定ハンドブック」（日刊工業新聞社，2002 年，共訳），「Non-Destructive Elemental Analysis」(Blackwell Science, 2001 年, 分担執筆),「Handbook of Prompt Gamma Activation Analysis」(Kluwer Academic Publisher, 2004 年, 分担執筆).

分析値の不確かさ
求め方と評価

平成 25 年 9 月 10 日　発　行

監訳者　　公益社団法人　日本分析化学会

訳　者　　米　沢　仲　四　郎

発行者　　池　田　和　博

発行所　　丸善出版株式会社
〒101-0051　東京都千代田区神田神保町二丁目17番
編集：電話(03) 3512-3262／FAX (03) 3512-3272
営業：電話(03) 3512-3272／FAX (03) 3512-3270
http://pub.maruzen.co.jp/

ⓒ公益社団法人　日本分析化学会，2013

組版印刷・製本／藤原印刷株式会社

ISBN 978-4-621-08707-7　C 3043　　　　Printed in Japan

本書の無断複写は著作権法上での例外を除き禁じられています．